우주에서, 이소연입니다

우주에서, 이소연입니다

한국 최초 우주인 선발에서 지구 귀환까지 17,500시간의 대기록

김호진 지음 | 한국항공우주연구원 감수

"정말 우주에 올라와서 느낀 것은,
지구는 파랗고 아름답고 평화롭다는 거예요.
이제 돌아가면 그 안에서 정말 아등바등 살지 말고,
아름답게 살자……, 그런 생각이 들어요."

- 우주정거장에서, 이소연

일러두기

1. 이 책은 한국항공우주연구원과 (주)샘터사가 정식 계약을 체결하고, 우주인 선발·훈련·발사·체류·귀환 등 우주인 사업의 전 과정을 취재하여 기록한 공식 인증 도서입니다.

2. 이 책의 본문 내용 일부는 극적 재현을 위해 각색한 것으로 부분적으로 사실과 다를 수 있습니다.

3. 이 책에 실린 사진은 한국항공우주연구원, 나사(NASA), (주)연합뉴스, 스페이스 스쿨(정홍철)로부터 제공받았습니다.

제가 우주인 사업을 맡은 지가 어언 4년이 되었습니다. 이제 한국 최초 우주인 이소연 박사가 무사히 귀환하여 강연 등의 대외 활동을 하는 것을 옆에서 지켜보고 있으니 감개무량합니다.

그동안 많은 일들이 있었습니다. 국내의 우주인 선발 과정과 러시아 현지 훈련, 4월 바이코누르에서의 우주선 발사 행사, 5월 국내 귀환 행사 등…… 특히 금년 2월 말에는 탑승 우주인 교체와 관련한 국제적인 조정 문제로 촌각을 다투기도 하였습니다. 이 모든 것이 소설가가 일부러 각본을 만들어도 지나치다 싶을 정도로 긴박했

추천사

우주 강국으로 가는 길, 국민 여러분과 함께하겠습니다

던 일련의 순간들이었습니다.

무엇보다 우리나라 정부, 대사관, 주변국들과 주위 여러분들의 헌신적인 도움으로 모든 어려움을 극복하고 우주인 이소연 씨는 무사히 귀환하여 국민들의 환호와 사랑 속에 이제 과학 홍보 대사의 역할을 시작하고 있습니다.

이러한 모든 일들을 기록하여 책으로 엮어 내야 한다는 생각을

저를 비롯한 항공우주연구원의 모든 실무자들은 강하게 가지고 있었고, 마침 샘터사와 김호진 작가가 본 논픽션 작업을 맡게 되어 사업 책임자로서 매우 기뻤습니다. 시류에 편승한 우주와 우주인 관련 서적의 홍수 속에서, 이제야 제대로 된 논픽션을 하나 보게 되었구나 하는 안도와 흥분을 하지 않을 수가 없었습니다.

김호진 작가는 누구보다 가깝게 우주인과 우주인 사업을 취재하며 작품을 완성시켰습니다. 이 책은 단순한 한국 우주인 사업에 대한 논픽션이 아닌 한국 우주 개발사에 영원히 남을 충실한 기록이

2008년 6월
한국항공우주연구원 우주인개발단장 최기혁

라고 자부할 만합니다. 이 책에서 모든 것을 다루기는 불가능했을 것입니다. 그러나 수박 겉핥기식의 다른 서적들과는 달리 실제 취재와 사실에 근거한 충실한 기술과 묘사로 우주인 사업의 모든 과정을 알차게 담아내고 있습니다.

샘터사와 작가의 헌신적인 노력과 프로 정신에 박수를 보내며, 국민 여러분의 많은 관심과 응원 부탁드립니다.

| 차례 |

2008년 4월 8일 17시 16분. 햇살은 화살처럼 쏟아지고 강한 바람이 흙먼지를 몰고 다닌다. 끝없이 펼쳐진 초원. 가만히 선 채로 한 바퀴를 돌아봐도 풍경은 변하지 않는다. 어딜 봐도 지평선이다.

성서 속의 에덴과 가까운 이곳. 까마득히 먼 옛날에는 풍성한 밀림 사이로 젖과 꿀이 흘렀으리라. 그러나 지금은 쓸모없는 땅—비는 늘 부족하고 기온은 밤과 낮에 천국과 지옥을 오르내린다. 이 땅을 사람들은 '바이코누르'라고 부른다.

쓸모없는 땅 바이코누르에 높이가 46미터나 되는 첨탑이 하나 서 있다. 첨탑은 햇살을 받아 은색으로 빛나고 있다. 아무것도 없는

대한민국의 꿈을 싣고 우주로 날다

들판에 우뚝 솟은 탑 하나. 어찌 보면 을씨년스럽고 기이해 보이기까지 한다.

'소유스 TMA-12'라고 이름 붙여진 그 탑은 불과 이틀 전에 세워졌다. 그 탑을 세우기 위해 사람들은 몇 량이나 되는 열차를 동원해야 했다. 한때는 사람으로 북적댔을 그곳에 지금은 아무도 없다. 솔개 한 마리가 하늘을 빙빙 돌면서 탑 꼭대기를 노려볼 뿐이다.

갑자기 바람이 숨을 죽인다. 아니, 탑이 바람을 천천히 빨아들이는 것 같다. 솔개도 심상치 않은 기색을 느꼈는지 고개를 쳐들고 먼

지평선 쪽으로 날아가 버린다. 고요하다. 천지가 고요하다. 폭풍 전
야가 이렇게 고요하다고 했던가. 아무래도 곧 무슨 일이 벌어질 것
만 같다.

　　한국항공우주연구원의 백홍열 원장은 2킬로미터쯤 떨어진 전망
대에서 소유스를 바라보고 있었다. 그는 자신이 이 자리에 서 있다
는 사실이 실감이 나지 않았다. 생각해 보면 얼마나 먼 길을 달려온
것인가. 시작 때부터 무려 4년이 넘는 대장정이었다.
　　'일도 많고 탈도 많았지. 그래도 결국은 여기까지 왔군.'

　　이제 잠시 뒤에는 그가 해왔던 일들의 성적표를 받아 쥐게 될 것
이었다. 그 성적에 따라 대한민국 우주 과학의 미래도 한꺼번에 결
정될 것이었다. 백 원장은 자기도 모르게 긴 한숨을 내쉬었다. 며칠
째 잠을 설쳤지만 피로 따윈 느껴지지 않았다.

　　김은기 공군 참모총장은 옆자리의 우주발전과장에게 이런 질문
을 던지고 있었다.
　　"지금 저 안에 대한민국의 딸이 타고 있는 게 맞습니까?"

"맞습니다. 총장님."

"대답을 들어도 다시 묻고 싶군요. 정말 맞습니까?"

"그렇습니다."

참모총장은 고개를 끄떡였다.

"참으로 대단한 순간이 아닙니까. 한때는 다른 나라의 식민지가 되기도 했고, 동족 간의 전쟁으로 폐허가 되기도 했고, 찢어지게 가난해서 혼분식 장려 운동까지 벌였던 나라의 딸이 저 안에 있다는 얘기가 아닙니까."

총장의 목소리가 떨리고 있었다. 공군에서 우주인을 배출시키지 못했을 때 느꼈던 아쉬움은 잊어버린 지 오래였다.

서포터 박춘록 씨는 기도하는 자세로 두 손을 맞잡고 있었다. 다른 서포터들은 한결같이 카메라에 열중하고 있었지만 박춘록 씨는 잠시 뒤에 벌어질 광경을 마음속에 단단히 담고 싶었다.

'이 장면을 아이들에게 전해 줘야 해. 디지털 파일 따위가 아닌, 내 마음에 깊이 담긴 것으로.'

그녀는 방송국의 퀴즈 프로그램을 통해 서포터가 될 수 있었다. 고작 열 명밖에 되지 않는 서포터 중에 그녀가 포함된 것은 일생일대의 행운이었다. 퀴즈는 그녀를 바이코누르의 전망대까지 데려다주었지만, 이곳에서 담아 가는 장면은 그녀의 아이들을 더 큰 꿈으로 안내할 것이었다.

SBS의 박종필 프로듀서는 세워 놓은 ENG카메라를 어루만지고 있었다. 그는 우주인에 관련된 다큐멘터리를 오래전부터 제작하고 있었는데, 카메라는 이제 도구가 아니라 그의 친구였다.

그는 친구와 함께 흑해의 바닷물에 둥둥 떠 있기도 했고 혹한기의 설원에서 덜덜 떨면서 밤을 꼬박 지새우기도 했다. 생각해 보니 지난 1년간 한국에서 보낸 시간은 한 달이 채 되지 않았다. 그가 가정을 가지고 있었다면 파탄이 나도 서너 번은 족히 났을 것이었다.

'이제야 반환점을 돌게 됐군.'

박 PD는 파인더에 잡힌 소유스를 바라보면서 중얼거렸다.

'못된 녀석. 너 때문에 얼마나 고생을 많이 했는데. 제대로 날아가지 않으면 재미없을 줄 알아.'

소유스는 미국의 우주선과는 달리 카운트다운을 하지 않는다. 뭔가 변화가 생길 때 정확히 포착해야 할 일이었다.

소유스의 뿌리가 아지랑이처럼 일렁이기 시작한다. 드디어 때가 된 것인가. 사람들 사이에서 탄성이 터져 나온다. 첨탑의 밑동에서 은은한 연기가 흘러나오는가 싶더니 요란한 천둥소리가 작렬한다. 그리고 불꽃이다. 태양을 덮어 버리고도 남을 눈부신 빛이 뿜어져 나오고 있다.

첨탑이 요동하는 것인가. 공기가 요동하는 것인가. 아니면 지구가 요동하는 것인가. 소유스 TMA-12가 하늘을 향해 솟아오르고 있다. 그 속도가 너무 빨라서 카메라가 따라잡기도 힘들 정도다.

하늘에서 로켓은 또 하나의 태양이 된다. 그리고 그 태양은 연기 몇 줄기만 남겨 놓고 재빨리 별이 되어 우주 속으로 사라져 버린다. 1분도 안 되는 시간에 벌어진 일이었다.

때는 2008년. 대한민국 유인우주계획有人宇宙計劃의 원년이었다.

01

세상 만물은 모두 한가지라네.
자네가 무언가를 간절히 원할 때
온 우주는 자네의 소망이 실현되도록
도와준다네. _《연금술사》 중에서.

2004년 1월, 우주는 씨앗이다

도전 挑戰

특별한 보고

2004년 1월 30일, 오명吳明 과학기술부 장관은 문 하나를 앞에 두고 길게 심호흡을 했다. 임기 중에 수없이 드나들었던 문이지만 오늘은 그 무게가 여느 때와는 다른 것처럼 느껴졌다.

손잡이를 잡으려던 장관의 손이 다시 넥타이를 향했다. 넥타이를 가다듬는 게 오늘만 몇 번째인가. 장관은 내심 쓴웃음을 지었다.

마침내 문을 열고 들어가자 낯익은 사람의 등이 보였다. 대통령이었다. 대통령은 창문 가까이 서서 청와대의 뜰을 바라보고 있었다. 며칠 전에 내린 눈 때문에 나무들은 여전히 흰 두루마기를 걸치고 있었다.

"각하."

장관의 부름이 대통령을 상념에서 일깨운 듯했다. 대통령은 돌아서면서 쑥스럽게 웃었다.

"미안합니다. 이리 앉읍시다."

그날 두 사람은 첫 대면이 아니었다. 그날은 과학기술부가 대통령에게 연두 업무 보고를 하게 되어 있는 날이어서, 오전엔 장관을 중심으로 지난해의 업무 평가와 그해의 업무 계획에 관한 브리핑이 있었던 것이다.

한 해의 계획으로 보고된 업무는 대충 이런 것이었다. 국가 과학 기술 혁신 체제의 개혁, 연구 기관 육성 체제의 효율화, 차세대 성장 동력의 체계적 확충, 국가 균형 발전을 위한 지방 과학 기술의 혁신……

"보고할 내용이 더 남아 있습니까."

대통령의 물음에 장관은 잠시 호흡을 가다듬었다. 그러고는 결심한 듯 가슴속의 말을 꺼내 놓았다.

"각하. 우리도 우주에 사람을 보내야겠습니다."

대통령은 잠시 말이 없었다. 몇 초에 불과했지만 몇 시간처럼 느껴지는 침묵이었다.

"보내야 하는 이유가 뭡니까?"

대통령의 질문에는 여러 가지 의미가 포함되어 있었다. 대한민국 국민을 우주에 보냄으로써 얻을 수 있는 실익은 무엇인가. 국가의 현안이 산적해 있는 마당에 엄청난 비용을 투자할 만한 가치가 있는 일인가. 미래에 나라의 경제 사정이 좋아졌을 때 시작해도 될 일을 왜 하필 어려운 시기에 추진하려 하는가.

"때가 됐기 때문입니다. 아니, 오히려 늦은 감이 있습니다."

"늦다니?"

미국, 러시아에 이어 2003년 10월 15일 발사에 성공한 중국 최초의 유인 우주선.

"각하. 선저우神舟 5호★를 기억하십니까?"

"중국이 작년에 발사한 유인 우주선 말입니까."

"그렇습니다. 중국이 굳이 유인 우주선을 띄운 까닭을 아십니까?"

"글쎄요. 대단한 의미는 없다고 보는 시각들이 많던데요."

중국이 러시아와 미국에 이어 세계에서 세 번째로 유인 우주선 발사에 성공한 것은 놀라운 사건이었지만, 그것을 냉소적으로 바라보는 사람도 많다는 사실을 대통령은 알고 있었다.

중국 못지않은 우주 과학 기술을 보유한 유럽의 여러 나라나 일본에서 유인 우주선을 떠우지 않는 이유는 들어가는 비용에 비해 얻는 것이 별로 없다는 결론 때문이었다. 유인 우주선 대신 무인 우주선을 써도 똑같은 것을 얻을 수 있는데 굳이 큰돈을 들여 사람을 보낼 필요는 없다는 얘기였다. 그래서 그들은 중국의 유인 우주선 발사를 단순한 대외 과시용 행사로 치부하면서 냉소적인 눈길을 보내고 있다는 것이었다.

실제로 선저우 5호는 '장정長征'이라는 이름의 대륙간탄도탄大陸間彈道彈★을 발사체로 사용한 것이어서, 우주 왕복선을 주축으로 운용되는 미국의 우주선보다는 기술적인 측면에서 떨어지는 것이 사실이었다.

★ 사정거리 5천 킬로미터 이상의 장거리 전략 미사일.

"그렇지 않습니다, 각하. 겉으로는 그렇게 보일지도 모르지만 그들도 내심 충격을 받았을 겁니다. 특히 우주 개발에 관한 한 중국보다 한 수 위라고 자화자찬하던 일본은 최근 세 차례나 우주선 발사에 실패해서 분위기가 말이 아닙니다."

1970년 2월 11일, 일본은 최초의 자국산 인공위성인 '오스미大隅'를 쏘아 올렸다. 중국이 첫 인공위성 '동방홍東方紅'을 쏘아 올리는 데 성공한 것이 그해 4월 24일이었으니 일본이 한발 앞서 나간 셈이었다.

그러나 일본은 1999년 11월, H2 로켓 8호기의 발사에 실패한데 이어 2003년 11월에는 개량형 H2A 로켓 6호기의 발사에 실패하는 등 잇따라 세 번이나 로켓 발사에 실패하고 말았다. 이런 상황에서 중국의 선저우 5호가 먼저 우주에 올라갔으니 처지가 완전히 뒤바뀌었다고 할 수 있었다.

"일본이 실패한 것은 무인 로켓 아닙니까. 그런데 중국이 굳이 유인 우주선을 떠운 이유는 뭡니까?"

우주에서, 이소연입니다

이번에는 대통령이 물었다. 기다리던 질문이었다.

"독립 때문입니다, 각하."

"독립?"

"아시다시피 오늘날의 우주는 미국과 러시아가 양분하고 있습니다. 다른 나라들도 국제우주정거장ISS에 우주인을 보내고 있긴 하지만 그나마 미국과 러시아의 우주선이 아니면 갈 수가 없습니다. 그들의 허락을 받지 않으면 안 된다는 말씀입니다. 흔히들 영국이나 프랑스, 일본과 같은 나라들도 마음만 먹으면 유인 우주선을 만들 수 있다고 말하지만 그것은 천문학적인 개발 비용을 들이고, 또 오랜 기간 시행착오를 겪은 뒤의 일이 될 것입니다."

"시행착오를 되풀이하다니, 미국과 러시아에서 기술 이전을 받을 수가 없다는 뜻입니까?"

"그렇습니다. 냉전시대의 경쟁을 통해 일찌감치 우주를 선점한 미국과 러시아는 유인 우주선과 우주 과학에 대한 노하우를 쌓아 가는 동안 엄청난 비용의 소모와 수많은 사람들을 희생을 감수해야 했습니다. 이런 기술들을 우방友邦이라 한들 순순히 넘겨줄 리가 있겠습니까."

대통령이 고개를 끄떡였다. 공감한다는 표정이었다.

"현재 진행되고 있는 국제우주정거장의 건설에는 외형상 16개국이 참가하고 있지만 실질적으로 주도하고 있는 것은 미국과 러시아입니다. 이 두 나라의 협력 없이는 어떤 일도 할 수 없는 것이 사실입니다. 결론적으로 우주는 미국과 러시아에 의해 양분되었다고 해도 과언이 아닙니다. 그런데 그런 식으로 고착되어 가던 양자 구도에 중국이 뛰어든 겁니다."

대통령은 선저우 5호 발사 당시의 TV 화면을 떠올렸다. 그날은 마침 중국의 후진타오가 공산당 총서기 및 국가 주석에 취임한 날

이었다. 지상 통제소의 총지휘자 리지나이가 선저우 5호의 우주 비
행사 양리웨이楊利偉★와의 교신을 끝낸 뒤 '발사 성공'을 선언하자 중국 최초의 우주인.
모든 대의원들이 기립해서 끝없이 박수를 쳤다. 특히 후진타오 주
석을 비롯한 황쥐 상임부총리 등 당 지도부의 얼굴엔 강한 자부심
이 흘러넘치고 있었다.

"그게 그 정도로 대단한 일이었습니까?"

"각하, 20세기가 자본과 자원의 시대였다면 21세기는 과학 기술
의 세기입니다. 20세기에 독점 자본들이 새로운 제국주의의 시대
를 열었듯이 21세기는 기술 강국들이 또 다른 제국주의의 시대를
열어 갈 것입니다. 그런데 오늘날의 과학 기술은 우주를 이용하지
않으면 발전이 어렵습니다. 우주를 어떻게 이용하느냐에 따라 성
패가 갈리게 되는 것입니다. 그 우주가 지금 미국과 러시아에 의해
지배되고 있습니다. 다른 나라들은 식민지에 불과합니다. 이런 상
황에서 중국이 독자적인 유인 우주선을 쏘아 올렸다는 것은 말 그
대로 독립을 선언한 것과 마찬가지입니다."

어디 독립뿐이겠는가. 중국은 10년 내에 독자적인 우주정거장
을 건설한다는 원대한 계획까지 발표해 놓고 있었다.

"각하, 우주는 전쟁터입니다. 지금 이 순간에도 1만 개가 훨씬
넘는 인공위성이 지구 주위를 돌고 있습니다. 그중엔 비밀리에 발
사된 첩보 위성과 직접적인 전투가 가능한 군사 위성들도 상당수
포함되어 있습니다. 우주정거장에서는 많은 과학자들이 실험에 몰
두하고 있습니다. 그 실험 중 어떤 것은 인류의 삶의 질을 개선시키
게 될 터이지만 어떤 실험들은 결국 제국주의의 칼날로 쓰이게 될
것입니다."

대통령은 고개를 돌려 창밖을 바라보았다. 대화의 서늘함과는
달리 하늘은 맑고 푸르렀다.

"그래서 우리가 사람을 우주로 보낸다는 것은 어떤 의미가 있는 겁니까."

"대한민국도 언젠가는 독립을 선언해야 합니다. 언젠가는 독자적으로 유인 우주선을 띄우고 언젠가는 독자적으로 우주정거장을 건설해야 합니다. 지금은 그 첫발을 내딛자는 것입니다."

"독자적인 기술로 가능합니까?"

"아쉽지만 불가능합니다. 현재로선 미국이나 러시아의 로켓을 이용하는 것이 유일한 방법입니다."

"지금까지 자국민을 우주에 보낸 나라는 모두 몇 나라입니까."

"33개국입니다. 각하. 그중엔 시리아, 몽골, 베트남 같은 개발도상국도 포함되어 있습니다."

대통령은 천천히 일어나서 창가로 걸어갔다. 그러고는 장관이 처음 들어설 때와 똑같은 모습으로 청와대의 뜰을 바라보았다. 지금까지의 대화가 꿈처럼 느껴지는 광경이었다.

대통령이 입을 연 것은 한참 뒤의 일이었다.

"일회성 이벤트가 되어서는 결코 안 됩니다."

말의 뜻을 잠시 새겨보던 장관의 마음이 일순간에 환해졌다.

"감사합니다. 각하. 열심히 하겠습니다."

삼청동을 막 빠져나가던 자동차가 신호에 걸리고 말았다. 광화문 부근은 양방향 모두 심한 정체였다.

장관은 차창을 열고 하늘을 바라보았다. 하늘은 비어 있었다. 자동차들이 내뿜는 매연 때문에 제 빛깔을 내지는 못했지만 구름 한 점 없이 맑은 하늘이었다.

그러나 땅을 밟고 있는 사람들만 그렇게 느낄 뿐이었다. 비록 눈으로 볼 수는 없지만 저마다 목적이 다른 위성들이 저 하늘을 뒤덮고 있을 것이었다. 전쟁은 시작된 지 오래였다. 하늘은 이미 격전장이었다. 더 늦기 전에 뛰어들지 않으면 영원히 도태되고 만다. 어떻게든 시작하고 볼 일이었다.

장관은 나직이 한숨을 내쉬었다.

내가 간절히 원하는 것은

'나의 우주인 도전기'

KAIST 디지털나노구동 연구원
이소연

창으로 보이는 캠퍼스의 진달래꽃이 붉었다. 봄이 무르익었다는 뜻이었다. 아닌 게 아니라 벌써 4월이었다. 역시 시간은 시계나 달력에서 느낄 수 있는 것이 아니다. 시간을 가르쳐 주는 것은 늘 따로 있었다.

잠시 넋을 놓고 꽃을 바라보던 소연은 읽고 있던 책으로 눈길을 돌렸다. 거기엔 이런 글이 나와 있었다.

산티아고는 '자아의 신화'가 무엇을 의미하는지 알 수 없었다.

"그것은 자네가 항상 이루기를 소망해 오던 바로 그것일세. 우리들 각자는 젊음의 초입에서 자신이 자아의 신화가 무엇인지 알게 되지. 그 시절에는 모든 것이 분명하고 모든 것이 가능해 보여. 그래서 젊은 이들은 그 모두를 꿈꾸고 소망하기를 주저하지 않는다네. 하지만 시간이 지남에 따라 알 수 없는 어떤 힘이 그 신화의 실현이 불가능함을 깨닫게 해주지."

노인의 이야기는 젊은 양치기에게 그리 대단한 것

도전 挑戰

처럼 느껴지지는 않았다. 그러나 그는 그 '알 수 없는 어떤 힘'이 무엇인지 알고 싶었다. 가게 주인의 딸에게 그 이야기를 해주면 아주 놀라워할 것이 틀림없었다.

"그것은 나쁘게 느껴지는 기운이지. 하지만 사실은 바로 그 기운이 자아의 신화를 실현할 수 있도록 도와준다네. 자네의 정신과 의지를 단련시켜 주지. 이 세상에는 위대한 진실이 하나 있어. 무언가를 온 마음을 다해 원한다면 반드시 그렇게 된다는 거야. 무언가를 바라는 마음은 곧 우주의 마음으로부터 비롯된 때문이지. 그리고 그것을 실현하는 게 이 땅에서 자네가 맡은 임무라네."

"그저 떠돌아다니고 싶은 마음도 그런 것인가요? 양털 가게주인의 딸과 결혼하고 싶다는 마음도요?"

"아무렴. 보물을 찾겠다는 마음도 마찬가지야. 만물의 정기는 사람들의 행복을 먹고 자라지. 때로는 불행과 부러움과 질투를 통해서 자라나기도 하고. 어쨌든 자아의 신화를 이루어 내는 것이야말로 이 세상 모든 사람들에게 부과된 유일한 의무지. 세상 만물은 모두 한가지라네. 자네가 무언가를 간절히 원할 때 온 우주는 자네의 소망이 실현되도록 도와준다네."★

파울로 코엘료의 장편소설
《연금술사》중에서.

소연은 마지막 구절에서 깊은 인상을 받았다. 무언가를 간절히 원할 때 우주가 소망을 들어준다는 구절이었다.

'내가 간절히 원하는 것은 뭘까.'

소연은 스스로에게 반문해 보았다. 그것은 아마도 지금 하고 있는 일과 관계가 있을 것이다. 소연은 카이스트KAIST의 연구원이었고 박사 과정을 밟고 있었다. 전공은 생명 공학이었다.

과학자가 되겠다고 생각한 것은 아주 작은 꼬마였을 때부터였다. 만화 영화나 그림책의 영향을 받기도 했지만 그보다 더 큰 이유는 아버지 때문이었다. 원래 아버지는 기술자를 꿈꾸던 사람이었다. 그러나 넉넉하지 못한 집안의 실질적인 가장이었던 아버지는 자신의 꿈을 접고 은행원이 되고 말았다. 사람들이 은행을 최고의 직장으로 꼽던 시절의 얘기였다.

비록 은행원이 되었지만 아버지는 여전히 훌륭한 기술자였다. 가전제품이나 보일러 같은 것이 고장 나면 사람들은 아버지에게 도움을 청했다. 제아무리 심하게 고장 난 물건도 아버지의 손을 거치면 언제 그랬냐는 듯 멀쩡하게 움직이곤 했다. 소연의 장난감도 마찬가지였다.

아버지가 물건을 손볼 때 어린 소연은 아버지의 조수 노릇을 했다. 마치 수술 중인 의사에게 간호사가 메스를 건네듯, 소연은 스패너나 드라이버 따위를 아버지의 크고 따뜻한 손으로 건네주곤 했다. 소연이 보기에 아버지의 손은 마법의 손이었다. 그 손으로 못할 일은 아무것도 없을 것 같았다. 아버지는 그 손으로 가족과 이웃에게 기쁨을 준다. 어린 소연도 그런 손을 가지고 싶었다.

'나는 아빠보다 더 훌륭한 사람이 될 거야. 그래서 훨씬 많은 사람들에게 기쁨을 나눠 줄 거야.'

소연은 언제부턴가 이렇게 다짐하게 되었다. 그리고 미래의 자신은 과학자나 기술자가 되어 있을 것임을 추호도 의심치 않았다. 어린 소녀의 다짐은 그대로 삶의 목표가 되었다. 소연이 걸었던 길은 과학고와 카이스트로 이어졌고, 마침내 연구원이 되었으니 꿈의 절반은 이룬 셈이었다.

'지금의 내가 간절히 원하는 것은 뭘까.'

소연은 책을 덮고 나서 또 한 번 반문해 보았다. 꿈을 이뤄 가고 있으니 피곤한 가운데에서도 즐겁고 뿌듯한 것은 사실이다. 머잖아 박사 학위도 받고 원하는 연구를 계속하게 될 것이다. 어쩌면 대학에 자리를 얻게 될지도 모른다.

그러나 그런 것들은 어쩐지 간절함과는 거리가 있어 보인다. 시작을 했으니 끝을 봐야 할 뿐이다. 이상도 하다. 내가 원했던 길을 가고 있는데 뭔가 빠진 것처럼 느껴지는 이유가 뭘까. 소연은 조금 혼란스러웠다.

"뭘 그리 넋을 놓고 앉아 있어."

언제 들어왔을까. 연구실 선배였다. 선배는 자판기의 커피 잔을 내밀고 있었다.

"봄이라도 타는 거야? 정신 번쩍 들게 해줘?"

커피를 받아 마시면서 소연은 멋쩍게 웃었다. 선배의 말이 엄포가 아님을 알고 있기 때문이다.

생명 공학 연구실은 '군기'가 세기로 유명하다. 다른 연구실로부터 조폭, 혹은 마피아라는 별명을 얻고 있을 정도였다. 그러나 그 별명에는 연구원 간의 강한 결속력을 시샘하는 뜻도 들어 있다.

어떻게 보면 연구원들은 혈육보다도 더 가까운 사이였다. 먹고 자는 시간까지 함께하다 보니 비밀도 없고 사생활도 없었다. 물론 성별의 차이도 존재하지 않았다. '고민이 있으면 다 같이 해결하고 기쁨이 있으면 다 같이 나눈다는 것'이 연구실의 전통이었다. 소연이 자랑스럽게 생각하는 부분이기도 했다.

"하긴 요 며칠 무리했지? 나가서 잠깐 바람이라도 쐬고 와."

선배의 말투가 부드러워졌다. 새 학기를 맞아 연구실이 피곤하게 돌아가는 것을 아는 탓이다. 하긴 연구원이 아니고 누가 연구원을 제대로 이해할 수 있으랴.

소연이 연구실 문을 막 나서는데 선배의 말 한마디가 뒤를 따라왔다.

"봤어? 게시판에 재미있는 게 붙어 있던데."

우주에서, 이소연입니다

게시판을 기웃거리던 몇 사람이 소연을 보고 눈인사를 건넸다. 뭐가 그리 재미있는지 웃음기가 다분한 얼굴들이었다. 그들은 자기들끼리 농담을 주고받다가 돌연 한숨을 쉬기도 했다.

게시판에 붙어 있는 포스터의 제목은 다음과 같은 것이었다.

대한민국 최초의 우주인을 찾습니다
대한민국의 미래, 우주 과학이 열어갑니다

소연은 남은 커피를 입에 털어 넣었다. 다른 사람들이 시계를 보고 총총히 사라진 뒤에도 소연은 오래도록 그 자리에 남아 있었다.

'뭐지? 이 느낌은.'

설명하기 어려운 감정이 소연의 가슴속에서 피어오르고 있었다. 슬픔이랄 수도 있고 그리움이랄 수도 있는 묘한 빛깔의 감정이었다.

갑자기 어린 시절의 기억 하나가 떠올랐다. 세 살이나 네 살쯤 되었을 때였던가. 어느 여름날의 오후였을 것이다. 소연이 낮잠을 자다가 일어났는데 어찌된 영문인지 집은 텅 비어 있었다. 북적대던 가족들이 거짓말같이 사라져 버렸던 것이다.

집 안 구석구석을 뒤져 본 뒤에야 어떤 상황인지 알게 된 소연은 넋을 놓고 마루에 앉아 있었다. 두려움 때문에 울고 싶었지만 울음소리를 들어줄 사람도 없다는 생각에 억지로 참아야 했다.

생각해 보면 아름다운 여름날이었다. 햇살은 싱그러웠고 마당에는 벌들이 붕붕거리면서 날아다녔다. 그러나 어린 소연에게는 의미 없는 풍경일 따름이었다.

혼자가 되었다. 태어나서 처음으로.

소연은 낯선 상황을 이해하려고 애를 써 보았다. 그러나 벅찬 일이었다. 그렇게 몇 시간을 앉아 있었다. 여름날의 긴 해도 기어이 저물어 가고 있었다. 벌과 나비는 이미 집을 찾아갔는지 보이지 않았다. 소연은 가족이 그리웠다. 그토록 간절한 그리움은 처음이었다. 한 살배기 남동생의 칭얼대는 소리까지 그리웠다.

그때 이상한 소리가 들렸다. 물방울이 떨어지는 소리였다. 마당의 수도꼭지가 덜 잠긴 모양이었다. 이 소리를 어째서 듣지 못했던 걸까. 소연은 커다란 슬리퍼를 질질 끌고 수돗가로 다가갔다. 아무도 없으니 혼자서 해야 할 일이었다. 작은 손으로 수도꼭지를 잠그는데 잘 돌아가지 않았다. 두 손으로 힘을 쓰는데 갑자기 울음이 터졌다. 한번 터진 울음은 멈추지 않았다. 소연은 수도꼭지를 끌어안고 목놓아 울기 시작했다.

울음의 원인은 외로움 때문이었다. 그런데 웬일인지 그 외로움은 가족이 돌아온다 해도 없어지지 않을 것 같다는 생각이 들었다. 그 사실이 소연을 슬프게 했던 것이다.

가족들이 모두 돌아온 것은 밤이 이슥해서였다. 친척 집에 갑작스러운 우환이 생겨 소연을 챙길 겨를이 없었던데다가 서로 일찍 들어오겠거니 생각했던 결과였다.

그러나 이 우연하고도 평범한 사건은 소연의 마음속에 강렬한 인상을 남겼다. 소연은 살아가는 동안 홀로 극복해야 하는 것들이 있음을 깨달았다. 그것은 쉬어 버린 목보다 더 아픈 경험이었다.

연구실로 돌아오자 선배가 기지개를 켜면서 맞이했다.

"봤어? 재미있지 않아? 내가 십 년만 더 젊었어도……."

"갈래요."

소연의 뜬금없는 말에 선배가 눈을 둥그렇게 떴다.

"가다니, 어딜?"

"우주요. 우주엘 가야겠어요."

선배의 얼굴에서 웃음기가 사라졌다.

"농담이겠지?"

"아녜요. 방금 뭔가를 찾아냈거든요."

"그게 뭔데?"

'내가 간절히 원하는 그 무엇을요.'

소연은 마음속으로 이렇게 중얼거렸다.

삼성종합기술원 인공지능 연구원
고산

안개가 자욱하다. 시계視界는 제로. 발밑의 땅도 분명치 않을 정도다. 청년은 잠시 호흡을 가다듬으며 안개가 잦아들기를 기다린다. 안개는 살아 움직이는 생물 같다. 지면을 따라 기어가기도 하고 꿈틀거리면서 기지개를 켜기도 한다. 안개는 청년의 얼굴을 심드렁하게 바라보다가 별 재미가 없다는 듯 능선 너머로 느릿느릿 사라진다.

길이 나타난다. 깎아지른 벼랑 사이에 놓인 길이다. 이 길의 이름이 '중파공로中巴公路'였던가. 모르긴해도 세계에서 가장 높은 길 중 하나일 것이다.

그랬구나. 조금 전의 안개는 안개가 아니라 구름이었구나. 아래쪽에 드리워진 구름들을 보며 청년은 자신이 파미르 고원Pamir Plat*의 능선에 서 있음을 새삼스레 깨닫는다. 겨울엔 폭설 때문에, 여름엔 만년설이 녹은 물 때문에 길의 흔적은 늘 분명치가 않다. 천길

벼랑 위에 발 디딜 곳이 있으면 그것이 곧 길이다.

시야를 되찾은 청년은 길 위를 바람처럼 달려간다. 아니, 길이
청년을 에우는 것 같다. 원래 바람에게는 길이 필요 없는 법이다.
한참을 나는 듯 달려가자 마침내 눈앞에 커다란 호수가 하나 나타
난다. 물빛이 유난히 푸른 호수다.

청년은 이 호수의 이름을 알고 있다. 카라쿨Karakul 호수다. 위구
르어로 '검은 호수'라는 뜻이다. 아니, 위구르인들은 그저 검은 호수
라고 부를 뿐인데 외지인들이 '카라쿨'이라고 이름을 붙인 것이다.

카라쿨의 해발 고도는 무려 3,914미터. 고산준령高山峻嶺 위에 물
을 얹은 꼴이다. 지대가 높으니 호수의 물이 흘러가는 길도 있으련
만, 이곳엔 그런 게 없다. 수천, 수만 년을 하루처럼 조용히 고여 있
을 뿐이다.

청년은 두 손으로 물을 떠올려서 물맛을 본다. 빙하의 맛이다.
검은 호수는 원래 빙하가 녹아 흘러든 물로 이루어진 것이었다. 호
수가 빙하의 옛 주인들을 비추고 있다. 눈부신 설산雪山들이다. 청
년은 고개를 들어 호수 건너편에 우뚝 서 있는 봉우리들을 바라본
다. 실크로드의 수문장 쿤룬산맥崑崙山脈이다.

그중에서도 봉우리 하나가 눈에 두드러진다. 해발 7,546미터의
무스타거산慕士塔格山★. 빙하의 아버지라고 불릴 정도로 아름답고 장
엄한 산이다. 무스타거는 미간에 깊은 주름이 잡힌 채로 청년을 응
시하고 있다. 마치 수십 년 전부터 그래 왔던 것처럼.

그래. 난 널 만나러 왔지.

청년은 얼음장 같은 물 때문이 위장이 시려 오는 것을 느끼면서
무스타거를 정면으로 바라본다. 초면이었으되 거리감은 느껴지지
않았다. 마치 오랜 펜팔 친구를 맞이하는 느낌이었다.

청년은 어렸을 때부터 꿈속에서 누군가가 속삭이는 소리를 들었

중앙아시아 남동쪽에 있는
산맥과 고원으로 이루어진
지방.

중국 신장웨이우얼
자치구에 있는 산.

우주에서, 이소연입니다

다. 기다림은 전생부터 있었으니, 인연의 힘을 믿는다면 망설이지 말고 달려오라는 소리였다. 어른들은 환청이 아니면 상상일 거라고 서둘러 진단을 내렸으나 청년은 믿지 않았다. 입을 굳게 다물고 때를 기다릴 뿐이었다.

그런데 세월이 흐르면서 목소리는 자꾸만 희미해졌다. 나이를 먹어 가면서부터였다. 들리는 횟수도 줄어들었고 의미도 모호했다. 대학을 졸업할 즈음엔 1년 이상의 공백이 있었다.

목소리를 떠올릴 때마다 청년은 초조했다. 뭔가 하지 않으면 전생으로부터 이어져 있다는 인연의 끈을 영원히 놓칠지도 모를 일이었다. 그러다가 어느 날엔가 청년은 또렷한 소리를 듣게 되었다. 어떤 책에서 파미르의 성지聖地를 보았을 때였다.

그곳은 해발 5천 미터 이상의 천산, 카라코람, 쿤룬, 힌두쿠시 등 거대 산맥들이 종횡으로 모인 파미르 고원의 끝자락이었다. 그 산들이 입을 모아 말하고 있었다. '그대는 와서 내 몸으로 발판을 삼으라. 바라던 것을 보게 될 것이다'라고……. 이십 대가 저물어 가던 어느 해의 일이었다.

청년은 망설임 없이 비행기를 탔다. 버스도 40시간 이상을 탔다. 모래 먼지를 벗 삼아 오래도록 걷기도 했다. 그러다가 무스타거를 만났다. 재회 아닌 재회였다. 청년은 마음을 열어 놓고 무스타거의 소리를 기다린다. 그러나 들리는 것은 멀리 사막 쪽에서 흘러오는 바람 소리 뿐, 무스타거는 굳게 입을 다물고 있다.

더 가까이 가야 하랴. 청년은 호수를 건너 산을 오르기 시작한다. 시간이 얼마나 흘렀을까. 산악인들의 베이스캠프가 보인다. 해발 4,210미터에 도달했다는 증거였다. 캠프는 세계 각국에서 온 사람들로 북적인다. 저마다 사연 하나쯤은 간직한 사람들일 터였다. 청년은 캠프를 뒤로 하고 묵묵히 걸음을 옮긴다.

능선을 따라 오르는데 숨이 가쁘다. 마치 폐 끝에 무거운 추가 매달린 것 같다. 고도 때문일 것이다. 산소를 보충하라고 혈관들이 아우성을 친다. 그래도 청년은 속도를 낸다. 멈출 것인가. 달릴 것인가. 청년의 판단은 늘 후자였다. 육신의 고통 따윈 아무래도 좋았다.

얼마나 올라온 것일까. 아래의 풍경이 바뀌기 시작한다. 멀리 사막이 보인다. 타클라마칸 사막★일 것이다. 모든 길은 로마로 통한다고 했던가. 그러나 실크로드의 모든 길은 사막으로 통한다. 사막이 길이고, 길이 곧 사막이다.

사막의 길을 따라 해가 저물어 간다. 이제 금방 어두워질 것이다. 청년은 눈을 들어 카라쿨 호수를 바라본다. 놀랍게도 검은색이다. 사람들이 검은 호수라고 부르는 이유가 그것이었다. 호수의 진정한 색깔을 알기 위해서는 높이 오를 필요가 있었던 것이다.

갑자기 별이 돋아난다. 너무 순간적이어서 누군가가 빛나는 물방울들을 단숨에 뿌려 댄 것 같다. 이런 것들을 보여 주기 위해 산이 부른 것일까. 청년은 바위에 기대어 다시 한 번 귀를 기울여 본다. 그러나 들리는 것은 바람 소리와, 청년의 거친 숨소리뿐이다. 산은 약속을 지키지 않는다.

청년은 주저앉아 물을 마신다. 카라쿨 호수의 물이었다. 물을 마시면서 청년은 생각했다. 이제 조금 뒤에는 길이 끝날 것이다. 돌아가는 길을 포함시키지 않는다면 여정도 끝이 난다. 나는 이대로 돌아가야 하는 것일까.

그때였다. 마치 라디오가 전파에 동조同調하듯 청년의 영혼에 전율이 일었다. 자기도 모르게 몸을 부르르 떨던 청년은 하마터면 물통을 놓칠 뻔했다. 알 수 없는 떨림이었다. 그리고 청년은 들을 수 있었다. 누군가가 이렇게 말하는 것을.

'네 삶은 길 위에 있다. 고개를 들어 길을 보라.'

중국 신장웨이우얼 자치구 남부의 타림 분지에 있는 사막.

우주에서, 이소연입니다

청년은 고개를 들었다. 별빛이 찬연한 하늘이었다. 목소리는 산의 것이 아니라 하늘의 것이었다. 그것을 왜 몰랐던 것일까. 갑자기, 보이지 않던 길이 보이기 시작했다.

청년은 혼곤한 잠에서 깨어났다. 전화벨 소리 때문이었다. 속옷은 땀으로 흠뻑 젖어 있었다. 산에 오르는 꿈을 꿀 때마다 겪는 일이었다.

벌써 2년이 지났는데. 무스타거에 다녀온 뒤로 청년은 비슷한 꿈을 꾸는 일이 많았다. 꿈은 길에서 시작되고 길에서 끝났다. 그리고 그 이상은 한걸음도 나아가지 못했다.

'네 삶은 길 위에 있다. 고개를 들어 길을 보라.'

항상 꿈은 거기까지였다. 그리고 이어지는 맹렬한 갈증. 청년은 냉장고의 물병을 통째로 들이켰다. 잠시 숨을 죽였던 전화가 또 다시 울리기 시작한다. 번호를 확인해 보니 여자 친구였다.

"무슨 일이야, 이렇게 일찍."

"인터넷에 들어가 봐. 놀랄 만한 소식이 있어."

"놀랄 만한 소식?"

"새벽잠을 포기해도 좋을 만한 일일걸."

청년은 여자 친구가 부르는 대로 인터넷에 주소를 써 넣는다. 화면이 바뀌고 몇 줄의 문구가 떴다.

'대한민국 최초의 우주인을 찾습니다……'

"봤어? 보고 있는 거야?"

청년은 물병을 들어 또 한 모금의 물을 마셨다. 이상도 해라, 카라쿨 호수의 맛이었다. 실내인데도 바람이 불었다.

"보고 있냐니까."

"보고 있어."

갑자기 목이 잠겨서 말이 잘 나오지 않았다. 네 삶은 길 위에 있다. 고개를 들어 길을 보라.

청년은 길을 보고 있었다. 그 청년의 이름은 고산이었다.

1957년 10월 4일, 총 길이 29.2미터의 로켓 한 기가 소련의 바이코누르에서 굉음과 함께 솟아올랐다. 'R-7'이라는 이름의 이 로켓의 머리에는 직경 58센티미터, 무게 83.6킬로그램의 금속체가 달려 있었는데, 그 물체는 스푸트니크 Sputnik 라는 이름을 가지고 있었다. 118초 후, 연소를 끝낸 1단 로켓이 분리되어 떨어져 나갔다. 곧이어 2단 로켓이 점화되었다.

발사 후 300초 만에 228킬로미터까지 상승한 스푸트니크는 초속 7.9킬로미터라는 놀라운 속도에 도달하면서 2단 로켓을 떨어뜨렸다. 그리고 더 이상 떨어지지 않고 지구 주위를 돌기 시작했다. 96분 17초에 한 번꼴이었다.

스푸트니크는 삑삑대는 소리를 지구로 송신하기 시작했다. 자신의 존재를 알리는 소리였다. 이 소리는 소련뿐만 아니라 미국을 비롯한 서방세계에서도 일제히 수신되었다. 신호음은 비록 작았지만 미국의 과학자들에게는 천둥보다도 더 요란한 소리였다.

당시 미국의 과학자들은 불과 1.6킬로그램짜리 물체를 지구 궤도에 올리지 못해 애를 태우고 있었다.

중앙대학교 기계공학과 교수
조성욱

우주에서, 이소연입니다

그런데 소련인들은 무려 83.6킬로그램이나 되는 물체를 궤도에 올려놓는 데 성공한 것이다. 이것이 인류 최초의 인공위성 스푸트니크 1호였다. 본격적인 우주 시대가 개막되는 순간이었다.

스푸트니크가 고고지성呱呱之聲을 울리며 태어났던 그해, 아시아의 동북쪽에 붙어 있는 조그만 나라 대한민국에서 태어난 아이가 있었다. 아이의 이름은 조성욱. 1945년에 태어난 아이를 '해방둥이'라고 불렀던 것을 감안한 때 아이는 '동반同伴둥이'가 되는 셈이었다. 태어났을 때도 그랬지만 아이의 어린 시절은 미소 양국의 경쟁으로 인해 우주가 뜨겁게 달궈지던 시기였다.

다섯 살 때는 인류 최초의 우주 비행사 유리 가가린이 보스토크★ 1호를 타고 지상으로부터 32킬로미터나 되는 곳까지 올라가서 '지구는 다양한 색깔의 물감을 마구 풀어놓은 팔레트와 같다'라는 소감을 늘어놓았다.

러시아어로 '동쪽'이라는 뜻.

일곱 살 때는 역시 인류 최초의 여성 우주 비행사인 발렌티나 테레시코바Valentina Tereshkova가 지구를 48바퀴나 돌면서 '나는 갈매기다'라고 외쳤고, 아홉 살 때는 알렉세이 레오노프Alexei. A. Leonov가 우주선 밖에서 우주 공간을 훨훨 날아다녔다. 그리고 아이가 중학교 1학년으로 성큼 자라난 1969년에는 암스트롱, 올드린, 콜린스 등 세 명의 미국 우주인이 '고요의 바다'라고 이름 붙여진 달 표면에 우주선을 타고 사뿐히 내려앉았다.

아이는 이 광경을 화질도 좋지 않은 친척 집의 흑백 TV로 지켜보았는데, 당시 암스트롱이 '이것은 인간의 작은 발자국이지만 인류에게는 거대한 도약'이라고 했던 말은 아이의 마음속에 깊은 인상을 남기기도 했다.

세월이 흘러 그 아이는 대학교의 교수가 되었고, 나이도 어느덧 지천명知天命이었다. 지천명은 하늘의 명을 알았다는 뜻이다.

'나는 과연 하늘의 명을 알고 있는 것일까?'

조성욱 교수는 스스로에게 가끔씩 이런 질문을 던져 보았다. 그러나 답은 늘 모호하기만 했다. 어린 시절의 경험 때문에 그는 공학을 공부했고, 학문적으로는 어느 정도 성취를 이뤘다고 볼 수 있었다. 그러나 하늘의 명을 깨닫고 또 그것을 이루었다고 생각하기엔 뭔가 아쉬운 구석이 있었다. 하긴, 성취라는 게 어디 끝이 있겠는가.

그가 연구실에서 손수 커피를 끓이고 있는데 조교가 들어왔다. 처음엔 강의 시간을 알리러 온 줄 알았는데 벙글벙글 웃는 얼굴을 보니 그게 아닌 모양이었다.

"교수님, 이걸 보세요."

조교가 포스터 한 장을 펼쳐 보였다. 거기엔 그림과 우주인을 공모한다는 문구가 적혀 있었다.

"보이시죠? 항공우주연구원에서 우주인을 뽑는대요. 저를 위한 행사라는 생각이 안 드세요?"

조교가 들뜬 얼굴로 나간 뒤에 교수는 커피를 마시기 시작했다. 그런데 이상하게도 맛이 느껴지지 않았다.

'암스트롱이 달을 밟았을 때 나는 무슨 생각을 했지? 나도 언젠가는 우주로 날아가서 달 표면에, 아니 화성이나 금성에 내 발자국을 남기리라 다짐했었지……'

그것이 철없는 꿈이었을까? 아닐 것이다. 그 꿈 때문에 여기까지 온 거니까. 그런데 그 꿈은 지금도 유효한 걸까? 어린 소년은 나이가 쉰 살이 다 됐는데?

커피는 이미 바닥났지만 교수는 잔을 내려놓지 못했다. 그리고 마침내 이런 생각을 떠올렸다.

'좋은 기회가 아닌가. 한번 확인해 봐야겠군.'

공군 전투조종사 편대장〈소령〉
이진영

모처럼의 휴일이었다. 여느 가장 같으면 아내와 아이들이 아침부터 외출을 졸라 댈 법도 하련만, 이진영 소령의 경우는 조금 달랐다. 그는 공군 제18전투비행단에서 전투기를 조종했던 파일럿이었고, 삶과 죽음의 경계를 수시로 넘나드는 군인이었다.

그에게 있어 휴일이란 아슬아슬한 외줄타기를 잠시나마 벗어날 수 있는 시간이다. 언제부턴가 아내와 아이들은 이 소령의 휴식을 방해하지 않고 그저 편안한 시간을 만들어 주기 위해 노력해 왔다. 비록 지금은 전투기 조종을 잠시 그만두고 대학교에서 정치학 박사 과정을 밟고 있지만 휴일에 대한 가족들의 배려는 여전했다.

오랜만에 늦잠을 자도 좋으련만 이 소령은 거실로 나와 비디오 플레이어에 테이프를 하나 꽂아 넣는다. 〈필사의 도전〉이라는 영화였다.

"또 그 영화. 질리지도 않아요?"

아내의 핀잔에 이 소령이 멋쩍게 웃는다.

"질릴 리가 있나. 나와 비슷한 남자들의 얘긴데."

"테이프가 너덜너덜해요. 아예 DVD를 구해 보든지."

"옛날 영환데 DVD가 나와 있을라고?"

〈필사의 도전〉의 원제목은 〈The Right Stuff〉이다. 톰 울프의 논픽션을 바탕으로 만들어진 필립 카우프만 감독의 영화였다. 제목을 직역하면 '불굴의 정신' 쯤 될 것이었다.

영화의 배경은 1940~50년대. 미국의 에드워드 공군기지다. 지금은 우주 왕복선 콜롬비아호가 착륙하는 곳으로 유명해졌지만 당시만 해도 황량한 사막 한구석에 지어진 작고 볼품없는 기지였다. 그곳엔 '시험 조종사test pilot'라는 사람들이 살고 있다. 사막의 모래 바람처럼 삭막하고 거친 사람들이다.

그들의 임무는 새로 개발된 비행기를 타고 음속에 도전하는 것이었다. 물론 안전은 보장되지 않는다. 실제로 많은 사람들이 시험 비행에서 생명을 잃는다. 기지에 살고 있는 여자들의 절반이 미망인일 정도였다.

그들의 일상은 단조롭다. 누군가가 시험 조종사로 나서면 나머지가 그것을 지켜본다. 당시만 해도 음속은 악마가 살고 있다는 세계였다. 비행기는 예외 없이 공중에서 폭발해 버린다. 지켜보던 이들은 죽은 조종사의 장례식에 참석했다가 바bar에 몰려가서 맥주를 마신다.

척 예거Chuck Yeager도 그중 하나였다. 그 또한 목숨을 주머니에 넣고 다녔다. 언제라도 버릴 수 있도록 하기 위함이었다. 그러나 그는 'X-1'이라는 연습기를 타고 마의 장벽이라고 여겨지던 음속을 최초로 돌파하는 데 성공한다. 1947년의 일이었다.

하지만 1마하★는 끝이 아니었고, 모두가 그 사실을 알고 있었다. 이제 그들은 2마하에 도전해야 할 것이었다.

★ 음속을 기준으로 하는 속도의 단위. 1마하는 음속의 1배.

그런데 얼마 뒤 소련이 세계 최초의 인공위성인 스푸트니크 1호를 우주에 쏘아 올렸다는 소식이 전해진다. 이른바 '스푸트니크 쇼크'였다.

초조해진 미국 정부는 에드워드 공군기지에 두 명의 스카우터를 급파한다. 우주로 갈 사람을 모집하기 위해서였다. 인공위성은 선수를 빼앗겼으되 유인 우주선만큼은 소련에 뒤질 수 없다는 것이 미국 정부의 입장이었던 것이다. 그로 인해 만들어진 것이 '머큐리 계획Project Mercury'★이었다.

★ 미국 최초의 유인 우주 비행 탐사 계획.

음속에 목숨을 걸었던 척 예거는 더 이상 실험용 토끼가 될 수 없다며 스카우터의 제의를 거절하지만 시험 비행사 중 세 명이 그 제의를 받아들인다. 그리고 그들은 해군과 공군에서 선발된 네 명의 지원자와 함께 누가 먼저 우주에 나갈 것인지를 놓고 치열한 경쟁을 벌이게 된다.

이렇게 모인 7명의 도전자가 이 영화의 주인공이다. 처음부터 사연도 많고 탈도 많은 사람들이었다. 훈련은 혹독했다. 평범한 인간이 견뎌 낼 수 있는 수준이 아니었다. 그러나 훈련을 극복했다고 해서 될 일도 물론 아니었다. 미국이 제작한 우주선이 실패와 실패를 거듭했기 때문이었다.

그러던 중 또다시 소련이 선수를 친다. 유리 가가린이라는 비행사를 세계 최초로 우주에 보낸 것이다. 다시 한 번 쓴맛을 본 미국은 두 번째 우주인만큼은 반드시 미국에서 나오게 될 것이라고 세계 언론에 공표한다.

그리하여 1961년 5월 5일, 7명의 지원자 중 앨런 셰퍼드라는 인물이 레드 스톤 로켓을 타고 16분의 무중력 비행을 한다. 비록 지구를 돌지 못하고 포물선을 그리면서 날아가는, 단순한 탄도 비행이었지만 어쨌거나 미국에서는 첫 번째, 세계에서는 두 번째의 우주인이 된 것이다.

미국은 재차 완벽한 궤도 비행에 도전한다. 임무는 프렌드십 7호를 타고 지구를 3회전하는 것이었다. 7명 중에서 발탁된 사람은 존 글렌이었는데, 그의 아내에겐 언어 장애가 있었다.

어느 날, 머큐리 계획을 적극적으로 지지하던 미국의 부통령이 3대 방송사의 기자들을 몰고 와서 존 글렌의 아내에게 인터뷰를 요청한다. 그러나 언어 장애를 사람들에게 알리고 싶지 않았던 아내는 정중하게 인터뷰를 거절한다.

졸지에 체면을 구긴 부통령은 노발대발하며 존 글렌에게 압력을 가하기 시작한다. 부인을 인터뷰에 끌어내라는 것이었다.

"난 당신을 100퍼센트 지지합니다. 그러니 마음대로 하세요."

결국 존 글렌은 이렇게 말한다. 그러나 부통령이 아니라 아내에게 한 말이었다. 분노가 극에 달한 부통령은 존 글렌을 우주에 보내지 않겠다고 선언한다. 바로 그때 나머지 여섯 명의 우주인들이 존 글렌을 에워싼다. 그러고는 입을 모아 부통령에게 선언한다. 존 글렌이 우주에 못 가면 우리 중 그 누구도 우주에 가지 않을 거라고……

여기가 이 소령이 가장 좋아하는 장면이었다. 불굴의 정신으로 뭉친 일곱 명의 동료애. 그리고 권력에 맞서서 아내를 전폭적으로 지지하는 남편. 애정과 신뢰라는 측면에서 그 둘의 성격은 근본적으로 같은 것이었다.

이 소령은 전투기 조종사로서 팀워크와 동료애가 얼마나 중요한지를 잘 알고 있었다. 그리고 그것은 가족들도 마찬가지였다.

'난 안팎으로 정말 훌륭한 동료들을 가졌어.'

영화에서 눈을 돌린 이 소령은 흐뭇한 얼굴로 아내를 바라보았다. 아내는 신문을 읽고 있었는데 묘한 표정이었다.

"재미있는 기사라도 났어?"

"어쩌면요."

아내가 이렇게 대답하면서 고개를 갸웃거리더니 한마디를 덧붙였다.

"당신 여행 한번 해보지 않을래요?"

이 소령은 웃었다. 결국 그 얘기였나.

"아무래도 휴일이라서 좀이 쑤시나 보지? 좋아, 아이들 데리고 가까운 데서 바람이나 쐬고 오지 뭐. 어딜 가는 게 좋을까."

"아뇨. 당신 혼자 가는 거예요."
"나 혼자서? 어디에?"
이 소령이 어리둥절한 기분으로 물었다.
"우주요. 조금 멀어요."
아내의 대답이었다.

서울대공원 포유류 큐레이터
안정화

요즘 들어 '보라'의 행동이 심상치 않다. 툭 하면 심통이고 음식도 잘 먹지 않는다. 사람을 못 본 체하는가 하면 귀찮게 굴 때는 물기까지 한다. 건강에는 별 이상이 없다고 의사들은 주장하는데 도대체 무슨 일일까. 안정화 씨는 답답한 나머지 길게 한숨을 내쉬었다.

'내 짝사랑은 언제 끝나는 걸까. 설마 보라가 사춘기를 앓는 건 아니겠지.'

생각이 여기까지 이르자 슬며시 웃음이 나왔다. 보라는 네 살짜리 암컷 오랑우탄이었다. 짝사랑이라니. 그리고 사춘기라니. 동물과 친하게 지내다 보니 내가 어떻게 된 모양이야.

"보라가 여전한가 보죠? 환경이 달라져서 그럴 거예요."

수의사가 지나가면서 한마디한다. 아마 그의 말이 맞을 것이다. 며칠 전에 동물원 식구들은 유인원類人猿

관의 환경을 대폭 바꿔 놓았다. 철창의 일부를 걷어 내는가 하면 시멘트 바닥을 잔디밭으로 교체했으며 동물들이 활동할 때 일부러 먼 거리를 움직이게 했다. 이른바 '동물 행동 풍부화' 프로그램의 일부였다.

동물 행동 풍부화란 우리 속 동물들에게 야생의 본능을 되살려 주고 부족한 움직임도 늘려 주는, 이른바 야생 동물 복지 프로그램이다. 침팬지에게 인공 개미집을 줘서 나뭇가지로 '개미 낚시'를 하게 한다든지, 비버beaver의 집을 정기적으로 허물어 집을 다시 짓게 하고, 움직임이 적은 북극곰에게 과일이 들어 있는 얼음을 줘서 얼음을 직접 깨게 만드는 것이 그 예였다.

동물들을 귀찮게 하는 건지는 모르나 이런 프로그램이 좁은 우리에서 생활하는 동물들에게 큰 도움이 된다는 것이 학계의 정설이었다. 동물들은 야생의 버릇들을 되살리면서 새로운 생명력을 얻게 되는 것이다.

그런데 보라는 동물원 식구들의 노력이 탐탁지 않은 모양이었다. 평화로운 일상을 왜 빼앗아 가는지 알 수가 없다는 눈치였다.

'이 녀석아, 너를 더 자유롭게 만들어 주려는 거야.'

안정화 씨는 이렇게 중얼거렸지만 보라가 알아들을 턱이 없었다. 보라의 단식 투쟁이 계속된다면 뭔가 특단의 조치를 내려야 한다.

안정화 씨는 국내에서 거의 유일무이한 동물원의 큐레이터였다. 큐레이터는 보통 박물관이나 미술관 등에서 전시물을 설명하는 직업을 말하지만 동물 큐레이터는 동물이 어떤 보존 가치가 있고 생태학적으로 어떤 가치가 있는지 알려 주는 전시를 기획하고, 동물들이 동물원에서 어떻게 하면 잘 살 수 있을까를 연구하기도 하는 직업이었다.

유럽과 미국 등 선진국의 동물원에서는 포유류, 파충류, 양서류, 조류는 물론 원예 분야까지 너댓 명의 전문 큐레이터가 근무하는 게 보통이다. 그러나 동물원을 일반 대중에게 선을 보인 지 100년이나 되는 한국에는 이상하게도 큐레이터라는 개념 자체가 없었다. 동물의 사육 방법은 체계적인 교육에 의해서가 아니라 경험 많은 사육사들에 의해 도제식으로 전해질 따름이었다.

그러다 보니 국내 최초의 동물 큐레이터가 된 안정화 씨의 어깨는 늘 무거웠다. 앞에 서서 길을 찾는 사람의 곤고함이 항상 뒤를 따랐다. 그러나 그녀는 신념 하나로 모든 것을 견뎠다. '동물이 행복한 세상에서 인간도 행복해질 수 있다'는 신념이었다.

"좀 쉬어요. 보라는 내가 돌볼 테니까."

사육사가 나타나서 하는 말이었다. 그는 보라가 특별히 좋아하는 열대 과일들을 한 아름이나 들고 있었다. 보라도 마음이 동하는지 안정화 씨의 눈치를 살피기 시작한다. 아무래도 그녀가 자리를 비켜 줘야 과일에 손을 댈 모양이었다.

"나한테 단단히 삐졌구나, 너."

그녀는 쓴웃음을 지으면서 우리를 빠져나왔다. 그리고 마음속으로 생각했다. 서두르지 말자. 꽁꽁 웅크린 사람들과는 달라서, 동물과의 소통은 일방적인 경우가 드물다. 내가 마음을 열면 동물도 언젠가는 마음을 여는 법이다. 언젠가는 보라도 내 마음을 알아주겠지.

그녀는 휴게실에서 잠시 쉬기로 했다. 동물 사육에 관한 매뉴얼을 작성하는 일 때문에 며칠 동안 잠도 제대로 자지 못했던 터였다. 매뉴얼은 호랑이, 곰, 여우, 하마, 코끼리, 원숭이 등을 총망라한 것이었다.

'차라리 애인에 관한 매뉴얼이 더 쉬울지도 몰라.'

그녀는 이런 생각을 하면서 피식 웃었다. 그리고 모퉁이에 놓인 TV를 무심히 바라보았다. 어떤 아나운서가 TV를 통해 뭔가를 얘기하고 있었는데 이상하게도 단어들이 생경했다. 소유스, 우주정거장, 최초의 우주인, 과학의 대중화……

'뭐라는 거야?'

그녀는 자기도 모르게 의자를 당겨 앉았다. 말의 앞뒤를 맞춰 보니 정부에서 민간과 손을 잡고 최초의 우주인을 모집한다는 얘기 같았다.

그녀는 묵묵히 앉아 있다가 물을 한 잔 따라 마셨고, 창문을 통해 동물원에 깃든 어둠을 바라보기도 했다. 동물들도 이제는 쉴 자리를 골라 몸을 눕힐 때였다. 그녀 또한 동물들처럼 푹 쉴 예정이었다. 그러나 몸을 적시던 피로는 어디론가 사라져 버렸다. 이것은 또 뭘 의미하는 걸까.

그녀는 집에 가는 대신 동물원의 우리로 향했다. 보라를 다시 보기 위함이었다. 우리 안쪽에 따로 마련된 방에서 잘 준비를 하던 보라는 그녀를 보고 반색을 하면서 달려왔다. 낮에는 그렇게 새침을 떨더니, 이상한 일이었다.

"내 결심을 알아차린 거야?"

그녀가 유리창을 사이에 두고 보라의 손을 어루만졌다. 보라는 코를 킁킁거렸다. 반갑다는 얘기였다.

"고맙다. 네가 나를 격려해 주는구나. 실망시키지 않을게."

홀로 선 자의 외로움은 큐레이터인 그녀가 너무나도 잘 알고 있는 것이었다. 그러나 그녀는 또 다른 성격의 외로움에 도전해 보고 싶었다.

'내가 우주에 갈 생각을 하다니. 차라리 코끼리를 보내는 게 더 쉬울지도 몰라.'

하지만 그녀의 결심은 확고했다. 원래 도전이라는 것은 생명력을 끌어올리는 작업이다. 보라도 그녀의 새로운 생명력을 느끼고 있을 터였다.

02

뜨거웠던 날들의 추억은 나 자신이나
사랑하는 사람들의 가슴속에서 노래로
살아나게 될 것이다. 그 노래는 나의 삶을
의미 있고 값진 것으로 만들어 줄 것이다.
그 노래가 나의 우주가 될 것이다.

2006년 4월, 우주는 열정이다

선발 選拔

너의 열정을 보여라

국내 선발 테스트

비행기 한 대가 활주로 대신 낙엽을   **3만 6천 명의 지원자들**
밟고 서 있다. 아마도 퇴역한 비행기
일 것이다. 지금은 을씨년스러운 모습으로 사람들의 무심한 눈길
을 인내하고 있지만 한때는 저 비행기도 빛나는 시절이 있었을 것
이다.

공군 사관학교의 면회실에 앉아 있던 소연은 퇴역한 비행기가
가을날과 잘 어울린다고 생각했다. 여름이 뜨거울수록 가을의 그
림자는 깊다. 생각해 보면 지난여름은 소연에게도 매우 뜨거운 것
이었다.

우주인 공모에 지원했던 3만 6천여 명의 후보자는 테스트가 거

한국 우주인 선발 출정식(좌). /
기초 체력 평가를 위한
3.5킬로미터 달리기를
하는 지원자들.

듭되면서 500명에서 245명으로, 245명에서 30명으로 줄어들었다. 그 30명 안에는 소연도 포함되어 있었으니 무려 1,200대 1의 경쟁률을 뛰어넘은 셈이었다.

그러나 본격적인 경쟁은 지금부터임을 소연은 잘 알고 있었다. 남은 30명은 영화 제목처럼 '불굴의 정신The Right Stuff'이었다. 그들의 면면을 잠시 떠올리던 소연은 가볍게 한숨을 쉬었다.

남은 이들 중에 공군 장교만 다섯이었다. 민간 항공기 조종사와 일선에서 수사를 지휘하는 경찰도 있었으며 외교관과 기자들도 있었다. 대학 교수는 셋이었으며 소연과 같은 연구원은 열 명이 넘었다. 평범한 회사원이나 동물원 큐레이터같이 특이한 직업을 가진 사람도 있었지만 그들 역시 1,200대 1의 경쟁률을 넘어선 사람들이었다.

'내가 과연 이 사람들을 제치고 우주에 갈 수 있을까.'

소연은 고개를 슬며시 흔들며 중얼거렸다. 그러나 한편으로는 여기까지 올라온 자신이 대견스럽기도 했다. 생각해 보면 얼마나 많은 사람들이 하나의 길을 달려왔던가. 그중엔 이름만 들으면 알 만한 산악인도 있었고 대기업의 최고 경영자와 항공기 조종사, 유명한 카레이서도 있었다. 76세의 노인도 있었으며 19세의 소녀도 있었다.

그들의 대부분은 손을 흔들어 주면서 훗날을 기약했다. 결과야 어찌됐든 아름다운 도전이었다. 그들은 포기한 것이 아니라 소연과 같은 사람들에게 바통을 넘겼을 뿐이었다. 그 바통을 다른 사람에게 넘길 것인가, 아니면 끝까지 쥐고 갈 것인가. 소연은 어느 쪽이든 상관없다고 생각했다. 중요한 사실은 역시 달릴 수 있을 때 달려야 한다는 것이었다.

사관학교의 후문이 돌연 소란해지더니 버스와 차량들이 잇달아

선발選拔

나타났다. 소연과 다른 후보들의 이동을 맡은 실무진과 취재진일 터였다.

그날은 4일간에 걸친 의료 테스트가 시작되는 날이었다. 로켓의 어마어마한 가속도를 견디고, 무중력 상태에 적응할 수 있는지를 알아보는 테스트인 만큼 프로그램도 까다롭고 혹독할 것이었다. 이 테스트를 통해 서른 명은 다시 열 명으로 추려진다. 나머지는 원치 않는 이별을 해야 하는 것이다.

누군가가 소연의 이름을 부르고 있었다. 항공우주연구원의 직원인 듯했다. 소연은 자신의 이름이 문득 생경했다.

'4일 후에 저 사람은 또 한 번 내 이름을 부르게 될까?'

소연은 천천히, 그러나 힘 있게 걸음을 옮기기 시작했다.

"겁을 줄 생각은 없지만 조금은 고통스러운 검사가 될 것입니다. 여러분은 히말라야나 남극이 아니라 우주에 가는 거니까요. 우주의 환경은 지구와 엄청나게 다릅니다."

정기영 대령은 이런 말로 인사를 대신했다. 그는 항공우주의료원의 원장이었고, 우주인 배출 사업 의학 부문의 책임자였다.

"무중력 상태에서 인간의 몸은 여러 가지 변화를 겪게 됩니다. 대표적인 증상은 얼굴이 붓는 거죠. 피가 아래로 잘 흐르지 못하고 위로 몰리는 바람에 머리와 목의 혈관이 확장되기 때문입니다. 반대로 허리와 다리는 가늘어지죠."

"여자들은 좋겠네요. 날씬해지니까."

후보자 중 누군가가 농담을 던지자 폭소가 터졌다. 그 바람에 딱딱했던 분위기가 대번에 부드러워졌다. 원장의 얼굴에도 웃음이 떠오르고 있었다.

"남자들도 손해 볼 건 없습니다. 키가 커지니까요. 척추뼈를 아래로 잡아당기는 힘이 없어지기 때문입니다. 대략 5센티미터 정도

커진다고 보면 될 겁니다."

상대적으로 키가 작은 후보들이 어깨를 으쓱거렸다. 아무래도 좋다는 표정이었다.

"혈액만 얼굴에 몰리는 건 아닙니다. 각종 체액도 얼굴에 몰리는데 우리의 뇌는 이것을 몸 전체의 체액이 늘어난 걸로 인식합니다. 그래서 10퍼센트 정도의 체액을 몸 밖으로 배출시키죠. 그래서 우주인들은 계속 탈수에 시달리게 됩니다."

"그 정도면 견딜 만한 것 같은데요."

회사원으로 참가한 후보였다. 원장은 고개를 가볍게 끄떡이며 말을 이었다.

"심각한 것도 있습니다. 뼈에서 칼슘이 빠져나가는 겁니다. 중력이 있을 때보다 힘을 덜 받는 만큼 뼈도 변신을 시도하는 거죠. 그 때문에 우주정거장에서 장기간의 시간을 보내면 뼈와 근육이 몹시 약해져서 지구상에서는 혼자 힘으로 설 수도 없게 됩니다. 그뿐 아닙니다. 무중력 상태에서는 심장이 내뿜는 혈액의 양이 현저히 늘어납니다. 지구로 귀환하면 반대의 현상이 벌어지죠. 이것을 정상적인 상태로 돌려놓으려면 몇 주가 걸립니다. 지구로 귀환한 우주비행사가 일정 기간 치료를 받게 되는 것도 그 때문이죠."

분위기가 숙연해졌다. 역시 우주는 호락호락한 곳이 아니었던 것이다.

"우주는 매력적이지만 위험한 곳입니다. 여러분의 신체를 정밀하게 검사해야 하는 이유도 그 때문입니다."

원장은 용기를 주려는 듯 활짝 웃었다.

"만만치 않은 검사지만 편안한 마음으로 받으십시오. 전 여러분이 자랑스럽습니다."

후보들이 가장 먼저 해야 할 일은 몇 가지 서약서를 작성하는 것이었다. 가장 눈에 띄는 것은 '선발 과정에서 나온 의학 자료의 학술적 사용 동의서'였다. 그러니까 테스트에 여러 가지 인체 실험이 포함되어 있다는 뜻이었다.

'모르모트가 된 기분이네.'

소연은 웃으면서 사인을 했다. 그 다음은 금연 서약서였는데, 앞으로 담배를 피우면 무작정 탈락시키겠다는 얘기였다. 담배를 피우지 않는 소연으로선 문제가 될 리 없었다.

그런데 '기립 경사대 검사에 대한 동의서'라는 문건에는 소연도 고개를 갸웃거렸다. 거기엔 '구토, 어지럼증, 두통, 드물게는 부정맥, 심장 정지 증세가 있을 수 있습니다'라는 문구가 들어 있었다.

"심장 정지라니, 이거 유서라도 써야 되는 거 아냐?"

누군가가 엄살을 떨자 사람들이 후후, 하고 웃었다.

'조영제 투여 동의서'에는 '가스 주입으로 드물게 대장이 터지는 경우가 있습니다'라는 경고문이 적혀 있었고, 안과 검사란에는 '눈동자 조절 마비제를 투입한 뒤 최소 네 시간은 근거리 작업이 불가능하다'고 씌어 있었다.

"무시무시하군."

후보들은 질렸다는 말을 쏟아 내며 사인을 했다. 그러나 말과는 달리 두려운 기색은 보이지 않았다. 그들은 이미 1,200대 1의 경쟁률을 뚫고 올라온, 검증된 후보들이 아니던가.

투베르쿨린tuberculin★ 주사를 한 대씩 맞은 후보들이 휴게실에 모였다. 소연과 같은 조에 편성된 열 명의 후보들이었다. 잠깐 남는 시간을 이용해서 자기소개를 하는 사람도 있었다.

★ 결핵 검사 약.

"젊음이 부럽습니다. 그러나 양보할 생각은 없어요."

이렇게 말하는 사람은 조성욱 중앙대 교수. 49세로 30인의 후보 중 나이가 가장 많았다. 선발 여부에 관계없이 이 자리에 있다는 사

우주에서, 이소연입니다

실만으로도 갈채를 받아야 할 인물이었다.

박지영 후보는 소연의 카이스트 후배다. 후보가 245명으로 압축되었을 때 처음 만났던 사이다. 소연이 대학 시절에 몸담았던 노래 동아리의 후배이기도 하니 인연이 꽤 깊은 셈이다.

외교관도 있었다. 박내천 사무관이었다. 유머 감각이 뛰어나 사람들을 즐겁게 하는 재주를 지닌 사람이었다.

"대한항공의 조종사들이 세 명이나 지원했는데 저 혼자 남았습니다. 항공사의 대표가 된 셈이네요. 최선을 다해 볼 생각입니다."

대한항공의 부기장 김길주 후보였다. 그 또한 분위기 메이커였다. 그가 몇 마디 농담을 덧붙이자 왁, 하고 웃음이 터졌다.

그런데 소연의 눈길을 잡아끄는 인물은 따로 있었다. 스포츠맨 타입의 고산이라는 청년이었다. 그는 나이에 비해 언행이 절제되어 있었고 불필요한 말을 하지 않았다. 사람들과 쉽게 마음을 터놓는 소연과는 정반대의 캐릭터랄 수 있었다.

'우주복이 어울리는 사람이 있다면 저런 사람일 테지.'

소연은 문득 이런 생각을 떠올렸는데, 그 순간 그 사람과 오랜 인연이 시작되고 있었음을 당시의 소연은 알지 못했다.

비교적 수월하다는 안과 검사가 시작되었다. 의사들은 후보들의 눈동자 등고선을 촬영하기 시작했는데, 그것은 라식 수술 여부를 파악하기 위해서였다. 우주 비행 중에 안구의 압력이 높아지면 라식 수술 때 깎아 낸 부분이 자극을 받을 수 있기 때문이다.

그 다음은 시야 검사. 후보가 캄캄한 방에 들어가 턱을 고정하고 나면, 화면 중앙에 빨간 불이 켜졌다. 이 불빛을 주시하면서 화면 가장자리에 하얗고 작은 불빛이 점멸할 때마다 버튼을 눌러야 했다. 시야의 주변부를 파악하는 능력을 체크하는 것이었다. 의사들은 후보들 눈에 안약을 넣은 후 동공을 확대시켜서 눈의 안쪽을 살

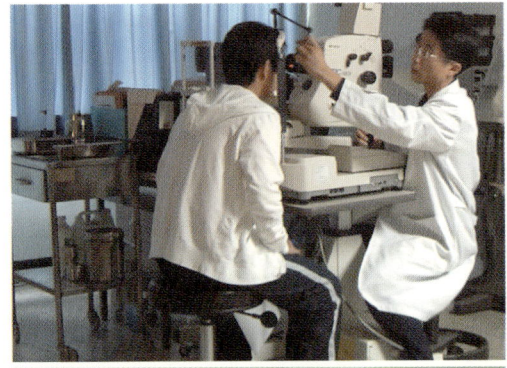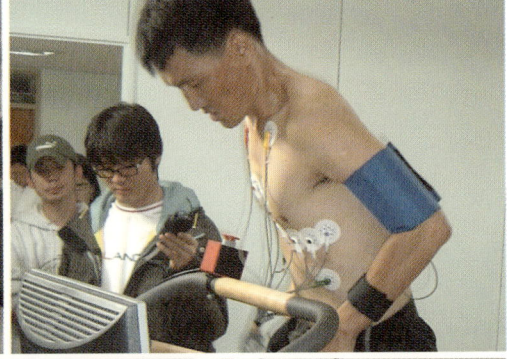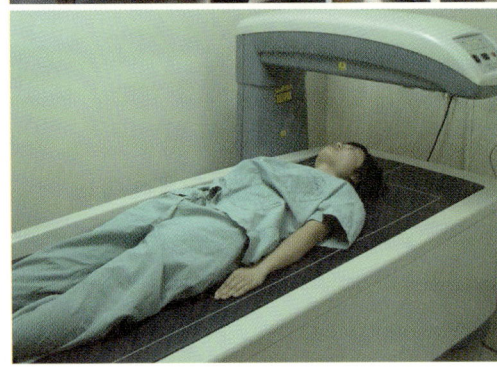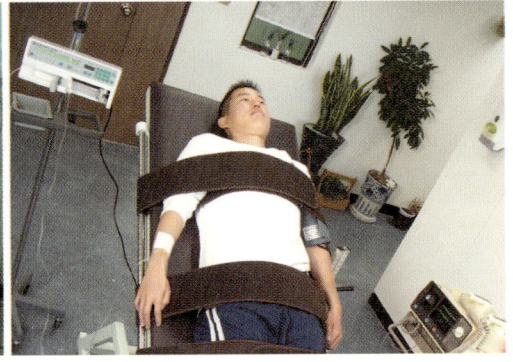

정밀 신체검사를
받고 있는 우주인 지원자들.

펴보기도 했는데, 이 검사가 끝난 뒤 4시간가량은 가까운 곳이 잘
보이지 않는다.

"갑자기 노인이 된 기분인데요."

외교관이 눈을 깜빡이며 하는 말이었다. 조종사도 한마디 거들
었다.

"소연 씨가 원래 이렇게 예뻤나?"

소연은 킥, 하고 웃었다.

드디어 악명 높은 '기립 경사대 검사'가 시작되었다. 이 검사는
우주를 다녀오는 과정에서 몸이 환경의 변화에 얼마나 잘 적응하
는지 알아보는 것이었다.

기압이 낮은 우주에 올라가면 몸속의 일부 체액이 소변으로 빠

져나간다. 그 때문에 우주인은 앉았다 일어날 때 심한 어지럼증을 느낄 수 있다. 이것이 기립성 저혈압이다.

며칠 전 지구로 돌아온 미국의 우주 왕복선 애틀랜티스호의 유일한 여성 승무원 하이더마리 스테파니신 파이퍼가 환영 기자회견 중 두 차례나 졸도한 것도 기립성 저혈압 때문이었다.

의사들은 소연을 각도 조절이 가능한 기립 경사대에 눕게 한 뒤 주사 바늘을 팔에 꽂았다. 아소프로테롤이라는 약물을 투여하기 위해서였다. 이 약은 심장을 천천히 뛰게 해서 몸을 저혈압 상태로 만드는 부교감 신경 자극제였다.

주사를 놓은 의사들은 경사대의 각도를 조절했다. 상반신이 위로 올라가자 소연은 가벼운 메스꺼움을 느꼈다.

"괜찮으세요?"

모르는 사이에 얼굴을 찌푸렸나 보다. 간호사가 걱정스러운 표정으로 묻는다.

"괜찮아요. 숙취보다는 한결 나은데요."

소연의 농담에 간호사가 정색을 했다.

"이 경사대에서 여러 후보가 정신을 잃었어요. 저 기계가 보이세요?"

간호사는 모퉁이에 놓인 기계를 가리키고 있었다.

"심실재세동기예요. 쓸 일이 없기를 기도해야 할 거예요."

소연은 의사들이 자신의 가슴에 전기 충격을 가하는 모습을 상상해 보았다. 말도 안 돼. 그럴 리가 있겠어.

그걸로 저혈압 테스트가 끝난 것은 아니었다. 소연은 경사대를 내려오자마자 러닝머신 위를 달려야 했다. 그것도 12분씩이나. 다행히 우려할 만한 일은 일어나지 않았다. 소연은 내심 안도의 한숨을 내쉬었다.

그다음은 전정기관 검사였다. 전정기관은 귓속 깊은 곳에서 몸의 평형감각을 유지하는 기관이다. 그러나 무중력 상태에서는 전정기관이 제 기능을 발휘하지 못한다. 그것도 우주 비행사가 극복해야 할 고통이었다.

한 사람이 들어가 앉으면 거의 꽉 차는 원기둥 모양의 작고 어두운 밀실에 의자 하나가 놓여 있다. 소연이 들어가서 앉자 의자가 회전하기 시작했다. 약 4초에 한 바퀴꼴이었다.

소연은 심한 어지러움을 느꼈다. 그러나 정신을 차려야 한다. 소연의 몸에 부착된 라이트에서 붉은 빛이 쏘아지고 있었는데, 그 빛을 놓치지 말고 응시해야 했다. 이때 정상적인 사람은 눈동자가 회전 방향과 반대로 움직이게 된다. 물론 소연은 정상 판정을 받았다.

"끝난 건가요?"

"혈액 검사, 소변 검사와 복부 CT촬영이 남아 있어요. 벌써 지친 건 아니겠죠?"

소연의 팔에 또다시 주사 바늘이 꽂혔다. 이번에는 조영제Contrast Media★였다. 복부 CT촬영을 위한 것이다. 우주에서는 신체 내부의 작은 흠도 치명적인 결과를 낳을 수 있다. 그래서 검사는 필수다.

조영제를 투여하자 서서히 배가 뜨거워졌다. 입에서는 알코올 비슷한 냄새가 감돌기 시작했다. 별로 좋은 기분은 아니다.

"다른 조에서는 대장에서 혹이 발견된 후보가 있었어요. 우리가 깨끗하게 제거했죠. 운이 좋은 사람이었어요."

날이 어두워서야 1차 검사가 모두 끝났다. 정신없이 보낸 하루였다. 그러나 4일간의 검사 중에 첫 번째 날이 지난 것에 불과했다.

내일은 또 어떤 경험을 하게 될까. 분명 오늘보다는 힘겨운 날이 될 테지. 소연은 약해지려는 마음을 애써 추스르면서 잠을 청했다.

★ 신체의 조직이나 기관에 투여하면 목적하는 부위를 잘 보이게 만드는 화합물.

우주 상황에 대처하라

다음 날부터 시작된 테스트는 공군조종사들이 치르는 훈련과 크게 다르지 않았다. 종목은 비상 탈출 테스트, 중력 내성 테스트, 저압 테스트였다.

비상 탈출 테스트는 조종사들이 비행 중 위기를 맞이했을 때 조종석 유리창을 날려 버리고 3.6미터의 수직 레일을 통해 비행기 밖으로 튀어 올라가는 과정을 연습하는 것이었다. 이때 조종사는 순간적으로 몸무게의 다섯 배에 해당하는 5G의 중력을 받게 된다. 그러나 그 순간만 잘 견디면 되는 것이어서 후보들 전원이 무리 없이 성공할 수 있었다.

문제는 흔히 'G테스트'라고 부르는 중력 내성 테스트였다. 전투기 조종사는 보통 6G에서 30초를 견뎌 내야 전투기에 탑승할 수 있다. 7G부터는 머리를 움직일 수조차 없게 된다.

이 테스트를 하기 전에 후보들은 어떤 공군 사관학교 생도가 9G의 중력을 견뎌 내는 장면을 비디오로 지켜봐야 했다.

중력 가속도 훈련 장비.

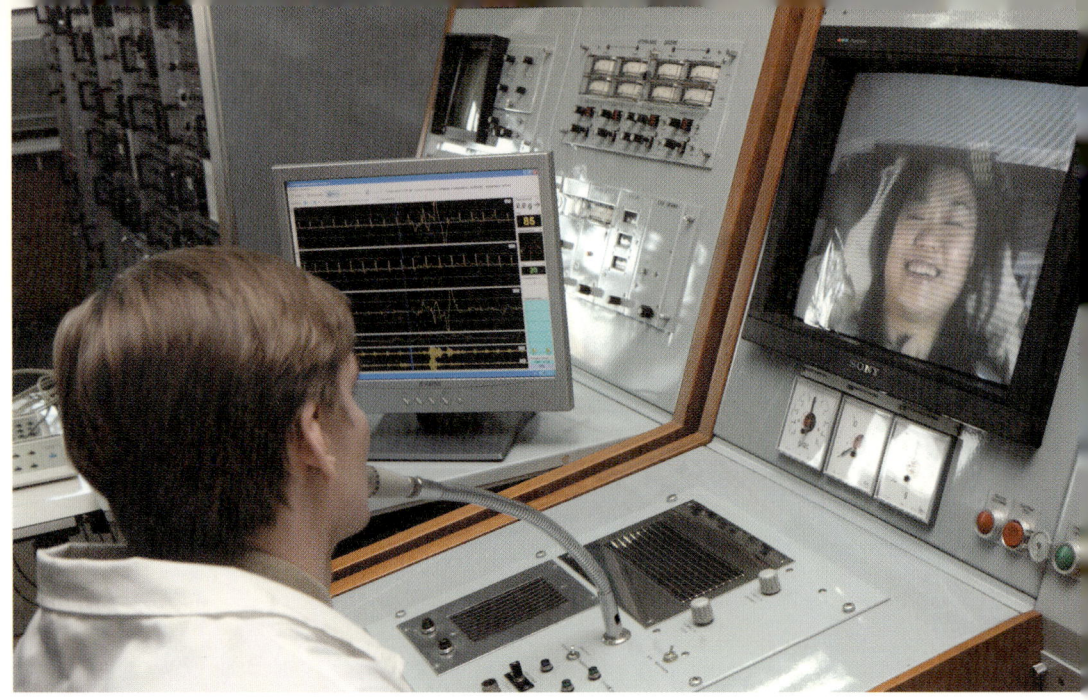

　처음엔 멀쩡하던 생도의 얼굴이 중력 가속도 수치가 높아질수록 험악해진다. 피부는 물에 빠진 시체처럼 부풀어 오르더니 사납게 일그러지고, 목에는 핏대가 선다. 가슴도 부풀어 오른다. 정신을 차리기 위해 애를 쓰던 생도는 마침내 고개가 꺾인 채 정신을 잃고 만다.

　후보들 사이에 무거운 침묵이 흘렀다. 하나같이 엄두가 안 난다는 표정이었다.

　"너무 걱정 마세요. 여러분은 5G까지만 통과하면 됩니다."

　5G 상태에서 30초를 견뎌 내면 합격이라는 공군 교관의 얘기였다. 그의 말에 의하면 F4, F5 전투기 조종사는 7.33G를, F15와 F16 조종사는 9G를 이겨 내야 한다고 했다. 소연은 새삼 전투기 조종사들이 존경스러웠다.

　"L-1 기법이라는 호흡법을 배워야 합니다. 중력이 올라가면 머리에 전달돼야 할 피와 산소가 줄어들기 때문에 의식을 잃는 겁니다. 이것을 막으려면 근육에 힘을 줘서 혈관을 눌러야 합니다. 먼저

　　　　　　　　　　　　　　우주에서, 이소연입니다

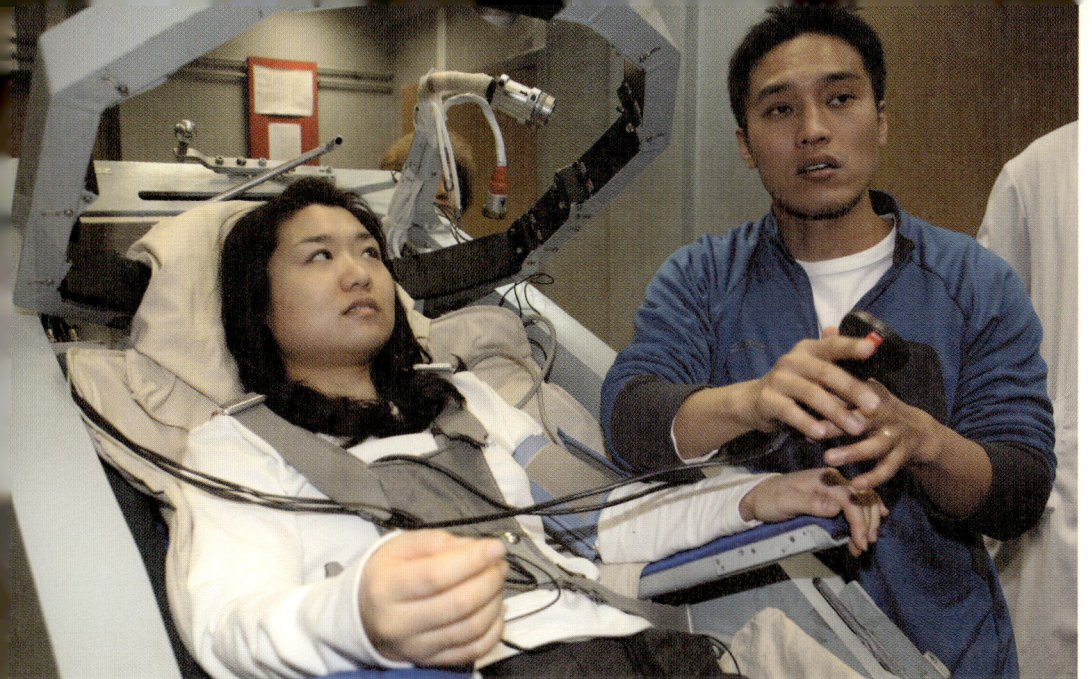

러시아 가가린 우주센터에서
중력 가속도 훈련을
받고 있는 이소연과 고산.

배에 힘을 주고 숨을 잔뜩 들이쉰 채 호흡을 멈춥니다. 이 상태에서
3초 간격으로 빠르게 호흡해야 합니다."

호흡법을 익힌 후보들은 '자이로랩Gyrolab'으로 안내되었다. 박
스 형태의 조종석이 밀실 안을 급회전하면서 중력 가속도를 만들
어내는 장치였다.

"영화에서 본 적이 있는 것 같은데. 007시리즈였나."

어떤 후보가 으스스한 얼굴로 중얼거렸다.

"어차피 해야 하는데 회전목마라고 치죠 뭐."

소연의 말에 외교관이 눈을 둥그렇게 떴다.

"회전목마가 이 정도라면 바이킹은 사람을 달까지 날려 버리겠네."

"범퍼카는 F1 그랑프리도 문제없을걸."

비록 농담을 주고받았지만 웃는 사람은 드물었다.

"명색이 항공기 조종사인데 공군에 질 수야 없지."

김길주 부기장이 기계로 성큼성큼 걸어가면서 하는 말이었다.

선발 選拔   61

웅웅거리는 소리와 함께 장치가 움직이기 시작했다. 다른 후보들은 조종석을 비춰 주는 모니터 화면을 지켜보고 있었다. 회전이 빨라지면서 중력이 3G까지 올라갔다. 부기장은 여유를 보이고 있었다. 그러나 5G가 되자 피부가 부풀고 안색이 창백해졌다. 숨을 멈추고 호흡법을 시도해야 할 시점이었다. 그대로 30초를 견뎌야 한다. 소연은 자기도 모르게 마음속으로 숫자를 헤아리고 있었다.

1, 2, 3, 4, 5······.

마침내 30초가 지나자 박수가 터졌다. 부기장은 나올 때 비틀거리면서도 엄지손가락을 치켜세웠다.

고산의 차례였다. 그는 이렇다 할 표정의 변화 없이 거뜬하게 30초를 견뎌 냈다. 고통을 느끼지 않는 건지, 안으로 감추고 있는 건지 도무지 알 수가 없었다. 한마디로 야무진 사내였다.

'여자라고 질 수는 없지.'

소연은 각오를 단단히 하고 좌석에 앉았다. 다른 후보들이 걱정스러운 얼굴로 지켜보고 있었다.

기계가 돌아가기 시작했다. 속도가 빨라지면서 몸을 누르는 거대한 힘이 느껴졌다. 소연은 황급히 숨을 들이마셨다. 상대성이론에 의하면 속도가 빨라질수록 시간은 느리게 흐른다고 했다. 광속에 가까운 속도에서나 해당되는 얘기지만 예외도 있는 것 같다. 테스트기 안의 시간이 그랬다.

호흡법을 익혔다지만 숨을 쉬기조차 어렵다. 뇌가 하얗게 표백된 기분이다. 30초가 지나도 한참 지난 것 같은데 왜 기계는 계속 돌아가기만 하는 걸까. 그때 꿈결 같은 소리가 들려온다.

"10초 남았습니다."

맙소사. 고작 20초가 지났단 말이야? 너무 심하잖아. 다시 세어 보자. 하나 둘 셋······.

영원과도 같은 10초가 지나자 몸을 짓누르던 힘이 스르르 빠져 나간다. 원래 가지고 있던 힘까지 한꺼번에 빠져나가는 것 같다.

"수고했어요. 합격입니다."

박수 소리가 아련하게 들려온다. 소연은 손을 들어 답례했다. 손 의 무게는 이미 천 근이었다.

방 안에 몇 개의 풍선이 매달려 있다. 방 안의 공기를 천천히 빼 내자 풍선이 부풀어 오른다. 기압을 2분의 1로 낮추면 풍선의 부피 가 2배, 3분의 1로 낮추면 3배가 될 것이다. 기압을 계속 낮추다 보 면 풍선은 결국 터져 버린다.

테스트의 관문 중 하나인 저압실의 모습이다. 견고한 사람의 몸 이 풍선과 같은 꼴이 될 리는 없겠지만 몸이 받는 고통은 상당할 것 이었다. 그러나 고공과 우주를 드나들기 위해서는 저압에 익숙해 져야 한다. 피해갈 수 없는 절차였다. 후보들은 풍선을 바라보며 한 숨을 내쉬었다.

산소마스크를 쓴 후보들이 저압실에 들어간다. 시계 같은 것은 미리 풀어 놓아야 한다. 터질 가능성이 높기 때문이다.

후보들이 지정된 자리에 앉자 공기가 빠져나가기 시작한다. 일 단 기압을 6분의 1까지 낮춘다. 풍선이 보기 흉하게 부풀어 오른 다. 사람의 혈관도 마찬가지일 것이다. 방광도 부풀어 오르기 때문 에 소변을 보고 싶다는 생각이 난다.

"기압을 고도 2만 5천 피트의 수준으로 맞추겠습니다. 견딜 만 합니까?"

억지로 고개를 끄떡이는 후보들에게 교관이 종이를 돌렸다.

"구구단을 적어 보세요. 9단부터 거꾸로 적는 겁니다."

소연도 적어 나간다. 구구는 팔십일. 구팔은 칠십이. 구칠은 육

저압실 테스트를 받는
우주인 지원자들.

십삼.

옆방도 저압실이다. 그곳의 기압은 훨씬 낮은 상태로 맞춰져 있
다. 그 방은 급격한 기압 변화를 테스트하는 데 쓰이게 될 것이다.

육오는 삼십. 육사는…… 육사는 뭐였더라. 이상하다. 생각이
나지 않는다. 머릿속이 스티로폼 같은 걸로 가득 찬 느낌이다. 기압
은 두뇌에도 영향을 미치는구나.

기압이 원래대로 돌아왔다. 후보들은 자신이 작성한 답안지를
보고 쓴웃음을 짓는다. 후보의 대부분이 석박사의 학력인데 체면
을 제대로 구긴 셈이었다.

"이번에는 기압 급강하 테스트입니다. 비행기나 우주선에 구멍
이 뚫렸을 때와 비슷한 상황입니다. 준비되셨습니까."

우주에서, 이소연입니다

거침없이 다음 프로그램을 진행시키는 교관을 원망해 보는 순간, 갑자기 펑, 소리와 함께 천정에 구멍이 생겼다. 초저압의 옆방과 연결된 구멍이었다.

기압이 빠르게 떨어지면서 기온까지 내려간다. 갑자기 발생한 수증기로 인해 눈앞이 가물가물하다. 소연은 자기도 모르게 산소 마스크를 두 손으로 움켜잡았다. 천정이 아니라 문이 열렸다면 몸 전체가 빨려 나갔을지도 모를 일이었다.

"수고하셨습니다."

상황 종료를 알리는 교관의 목소리가 하느님의 음성처럼 들린다. 또 하나의 고비를 넘긴 것이다.

그날 저녁, 소연을 비롯한 몇 명의 후보가 휴게실에 모였다. 샤워를 끝내고 길었던 하루의 소감을 나누기 위해서였다.

"샤워할 때 봤어요? 난 이런 게 생겼던데."

외교관이 소매를 걷고 자신의 팔 안쪽을 공개했다. 빨간 반점들이 돋아나 있었다. 중력 때문에 실핏줄이 터져서 생긴 것이었다.

"아홉 배의 중력을 견딜 수 있다니, 전투기 조종사들은 정말 사람이 아닌 것 같아요."

안정화 후보가 혀를 내두르며 하는 말이었다. 그녀는 유명한 동물원의 큐레이터였다.

"동물을 다루는 건 어때요? 그쪽은 힘들지 않나요?"

소연의 질문에 큐레이터가 멋쩍게 웃었다.

"직접 동물을 사육하는 건 아니니까요. 사육 매뉴얼을 만들거나 야생과 비슷한 환경을 조성하는 것이 제 일이죠."

"동물 얘기가 나왔으니까 말인데, 우주로 날아간 동물이 몇 종류나 되는지 알아요?"

조성욱 교수가 끼어들었다. 그의 전공은 기계공학이지만 우주에 관한 지식도 박사라 할 만했다.

"글쎄요. 보스토크호에 개를 태워 보낸 적이 있으니까 개는 포함되겠고……."

후보들이 고개를 갸웃거렸다.

"원숭이도 있을 거고. 또 뭐가 있죠?"

"쥐, 거북이, 거미, 버들붕어, 송사리, 도마뱀……."

"그렇게 많아요?"

큐레이터가 눈을 동그랗게 뜨자 교수가 하하, 웃었다.

"거북이는 달 궤도까지 다녀왔다는 얘기가 있어요. 대부분이 유인 우주 계획을 위해 희생되었던 동물들이죠. 나중에는 사정이 좀 나아졌지만 초창기 때는 살아 돌아오는 동물이 드물었어요."

1948년, 미국은 최초의 동물 우주 비행사 알버트를 V-2로켓에 실어 발사한다. 알버트는 벵골원숭이의 일종이었는데, 안타깝게도 우주선에서 사망한 최초의 원숭이가 되고 말았다. 그 후 1958년까지 10년 동안 미국은 일곱 번의 동물 우주 비행을 시도했다. 그러나 어떤 동물도 살아서 돌아오지 못했다.

소련도 1951년부터 개와 쥐를 이용해서 생존 실험을 했다. 1957년에 발사되어 궤도 비행에 성공한 스푸트니크 2호에는 라이카라는 품종의 개 '쿠드랴프카' ★가 타고 있었다.

"그 개는 귀환시킬 방법이 없어서 독살되었다면서요."

소연의 후배인 박지영 후보가 묻자 교수가 고개를 가로저었다.

"그건 대외적으로 발표된 얘기고 실제로는 발사 다섯 시간 만에 기내 과열과 산소 부족으로 인해 죽고 말았답니다."

후보들이 눈살을 찌푸렸다. 비록 동물이지만 최후가 너무 가혹했기 때문이었다. 쿠드랴프카는 얼마나 외롭고 고통스러웠을까. 지구를 완전히 일주하는 궤도 비행에서 살아 돌아온 최초의 동물

★ 러시아 말로 '조그만 곱슬머리 암컷' 이라는 뜻.

우주에서, 이소연입니다

도 개였다. '스트렐카'와 '벨카'라는 이름의 우주견은 스푸트니크 5호를 타고 지구를 열일곱 바퀴나 돈 뒤 무사히 귀환할 수 있었다. 1960년 8월의 일이었다.

"동물 우주 비행사들의 희생이 없었다면 유인 우주 계획도 성공할 수 없었을 겁니다. 그만큼 우주가 험악한 곳이라는 얘기죠. 우주인들이 평소에 받는 훈련에 비하면 우리가 오늘 치른 테스트는 그야말로 '맛보기'일지도 모릅니다."

대부분의 후보가 고개를 끄떡였지만 꾸벅꾸벅 졸기 시작하는 후보도 있었다.

"희생된 동물들을 위해 저분처럼 묵념이라도 하는 게 어때요."

소연의 농담에 왁자한 웃음이 쏟아졌다.

최후의 10인　　남은 테스트는 영어를 통한 심층 면접과 창의력 검사였다. 육체적으로 힘든 과정은 남아 있지 않았지만 후보들은 하나라도 소홀하지 않고 열과 성을 다했다.

마침내 모든 과정이 끝나고 이별할 시간이 됐다. 비록 3박 4일의 짧은 시간이었지만 온갖 어려움을 같이 극복한 후보들은 하나같이 든든한 지기知己가 되어 있었다.

이제 그들 중 어떤 사람들은 동료로서의 인연을 조금 더 이어 갈 것이고, 어떤 사람들은 ―적어도 공식적으로는―이별을 하게 될 터였다. 그들은 낙엽 위에서 악수를 하거나 포옹을 했다. 살짝 눈물을 보이는 후보도 있었다.

"결과를 떠나서 여러분은 최고의 후보였습니다."

항공우주연구원 우주인개발단의 최기혁 단장이 후보들을 배웅
하며 하는 말이었다.

"여기까지 올 수 있었다는 사실 하나만으로도 여러분의 정신적
육체적 능력은 충분히 검증된 셈입니다. 지금까지의 경험이 여러
분의 삶 속에 큰 자부심으로 자리 잡았으면 좋겠습니다."

2006년 11월 23일. 30명의 후보 전원이 SBS의 탄현 제작 센터
에 모였다. 테스트 결과를 발표하는 자리였다.

발표자는 탤런트 박상원 씨였다. 잠시 뜸을 들이던 그는 열 개의
이름을 또박또박 부르기 시작했다. 3차 테스트를 통과한 후보들의
이름이었다.

김영민. 류정원. 박지영. 윤석오. 이진영. 이한규. 장준성. 최아
정. 그리고 고산과 이소연.

소연이 3,600대 1의 경쟁률을 넘어서는 순간이었다. 그러나 이

상했다. 마지막 30인에 포함됐을 때는 말할 수 없이 기뻤는데, 열 명만 남고 보니 묘한 기분이 들었다. 두려움과 설렘이 적당히 뒤섞인, 그런 느낌이었다.

"큰 기대는 하지 않았지만 이렇게 되고 보니 아쉽군. 어쨌거나 축하해, 소연 씨. 내 몫까지 잘해 주길 바라."

동고동락했던 조성욱 교수가 소연에게 악수를 청했다. 말과는 달리 홀가분해 보이는 얼굴이었다.

"남은 사람들 가운데 누가 우주에 가도 마음이 든든할 것 같네요. 내 힘을 두고 갈 테니 우주를 다녀오는 데 써주세요."

이렇게 말하는 사람은 배천호 후보였다. 그는 미국 조지아 공대에서 항공우주공학을 전공하고 있었는데, 거주지가 미국이다 보니 테스트가 있을 때마다 한국행 비행기를 타야 했다. 놀라운 정성과 집념이 아닐 수 없었다.

탈락한 스무 명은 음식점에 모여 마음껏 회포를 풀었지만 통과한 열 명은 쉴 틈도 없이 다음 테스트에 들어갔다. 장소는 방송국이 2억 5천만 원을 들여 운동장에 설치한 스페이스 캠프였다.

스페이스 캠프는 우주인 생활을 체험할 수 있도록 만든 구조물이었는데, 세 개의 흰색 돔으로 구성되어 있었다. 세 개의 돔은 각각 숙소, 테스트 장소, 팀별 작업 공간으로 설계되었다.

숙소에는 원형 테이블을 중심으로 1인용 침대 열 개가 30센티미터 간격으로 둥그렇게 배치되어 있었는데, 침대마다 이미 각 후보의 이름이 새겨진 패널이 붙여져 있었다.

"꼼짝없이 감금돼 버렸군."

이진영 소령이 중얼거렸다. 그는 후보들 중 유일하게 남은 공군이었다.

"여기서 남녀가 같이 지내야 할 모양인데 소연 씨 괜찮겠어요?"

"그래도 여자 침대엔 칸막이를 붙여 놓았네요. 눈물겨운 배려예요."

소연의 말에 다른 여자 후보들이 후후, 웃었다.

"이 캠프에서 두 명을 탈락시킨다더군요."

후보 중 하나인 벤처 기업의 이사 류정원 씨가 이런 말을 꺼내자 후보들의 얼굴에서 웃음기가 사라졌다. 경쟁은 끝도 없이 계속되고 있는 것이다.

"그러나 여길 통과하는 사람은 러시아에 가게 됩니다. 며칠 동안 잘 지내봅시다."

숙소에 대한 불만은 빠르게 잊혀졌다. 잘 시간이 부족했기 때문이었다. 후보들의 하루 평균 취침 시간은 서너 시간 정도에 불과했다. 곯아떨어지기 바쁜 시간이었다.

영어 능력 평가가 다시 시작되었는데, 수준은 전보다 훨씬 고급스러운

회전의자 테스트.

것이었다. 러시아어와 우주 비행에 대한 강의도 되풀이되었다.

소연이 가장 힘들어했던 테스트는 '회전의자 테스트'였는데, 1분에 60바퀴를 도는 회전의자에 앉아 있다가 내려와서 평가 위원들의 질문에 대답하는 것이었다. 너무 어지러워서 문제의 뜻조차 이해하지 못하는 경우가 흔했다.

실제로 우주에서는 방향 감각이 사라지기 때문에 우주인의 절반은 우주 멀미를 앓는다. 구토 봉지가 늘 옆에 있어야 할 정도다. 회전의자 테스트는 멀미와 비슷한 상황을 만들기 위한 것이었다.

식사는 우주 식량으로 대체됐다. 한국식품연구원에서 만든 것이

었다. 동결 건조된 밥, 김치, 미역국, 장조림, 라면, 수프, 건빵, 육포, 수정과 등이 진공 상태로 밀봉돼 있었다.

우주선에는 음식 저장 시설이 없기 때문에 밀봉된 음식에 뜨거운 물을 부은 뒤 흔들어 먹어야 한다. 물론 튜브에 든 음식을 짜 먹는 방법도 있다.

원래 우주인들이 먹는 음식은 끈적거리는 것이 많다. 부스러기가 날아다니면 안 되기 때문이다. 또 무중력 상태의 우주인들은 평소 식성과는 관계없이 매운 음식을 찾게 된다고 한다. 우리나라의 김치는 좋은 대안이 될 것이었다.

지금까지 우주에 간 사람들은 러시아나 미국이 제공하는 음식을 먹었지만 한국의 우주인은 한국이 개발한 음식을 먹게 된다니 들던 중 반가운 얘기였다.

골드버그 테스트.

배점이 가장 높은 테스트는 '골드버그 테스트', 그리고 로봇 팔을 조립하는 테스트였다.

골드버그 테스트는 골드버그 장치Goldberg's invention를 직접 만들어 보는 것이다. 골드버그 장치는 '가장 단순한 과제를 해결하기 위해 만든 가장 복잡한 기계'를 의미한다. 미국의 골드버그라는 사람이 이런 아이디어를 사용한 만화를 곧잘 그렸기 때문에 붙여진 이름이었다.

쉬우면서도 단순한 일상의 작업을 아주 어렵고 복잡하게 만드는 것이 이 장치의 핵심이었는데, 물을 뿌려 주는 장치, 자동으로 다림질하는 장치, 밥 먹을 때 입가에 묻은 것을 닦아 주는 자동 냅킨 기계 등이 포함되어 있었다.

이런 장치의 특징은 목적을 수행하기 위해 최소 10단계의 복잡한 과정을 거친다. 각 과정별로만 보면 과학적 지식이 수반되어야 하는 정교함을 요하지만 막상 10단계 이상의 과정을 거친 결과는 매우 단순해서 웃음이 나올 정도였다.

스페이스 센터가 요구한 골드버그 장치는 일종의 로켓 발사 장치였고, 우선 화학 로켓을 조립한 다음 그것을 발사시켜 2미터 앞의 과녁에 명중시켜야 했다. 단, 재료는 스프링, 모터, 소형 레일 같은 일상적인 소재를 사용해야 한다. 그리고 점화 전까지의 과정이 복잡할수록 높은 점수를 받게 된다. 일상적인 소재의 화학적 물리적 특성을 최대한 활용하는 것이 핵심이었다.

열 명의 후보는 다섯 명씩 2개 팀으로 분류되었다. 각 팀의 팀장은 이진영 소령과 류정원 후보가 맡았는데, 소연은 이 소령의 팀이었다.

아이디어 회의를 마친 두 팀은 동시에 작업대로 나갔다. 작업대 위에는 스프링, 플라스틱 기어, 시소, 미끄럼틀, 계단, 도미노, 피스톤, 주사기, 튜브, 깔때기, 지구본, 탁구공, 기계톱, 전기 망치 같은 잡다한 물건들이 흩어져 있었다. 제한 시한은 여섯 시간이었다.

"아무래도 몇 가지 물건이 더 필요한 것 같은데."

아이디어 회의에서 나온 설계 도면과 주어진 재료를 비교해 보던 이 소령이 눈살을 찌푸렸다.

"쇠구슬이 있어야 하는데 준비된 물건 중에는 없네요. 누가 좀 구해 볼래요?"

"제가 다녀오죠."

소연이 앞으로 나섰다. 골드버그 테스트는 외부에서 재료를 조달해도 감점의 요인이 되지 않는다. 네 명은 작업을 시작하고, 소연은 캠프를 나와 쇠구슬을 찾아다니기 시작했다. 그러나 원하는 크기의 쇠구슬을 구하는 것은 생각보다 쉬운 일이 아니었다. 문방구와 철물점, 심지어는 대형 마트까지 뒤져 봤지만 물건은 보이지 않았다. 소연은 초조해지기 시작했다.

'쉽게 구할 수 있다고 생각했는데 선입견이었나 봐. 이를 어쩌지? 다들 나만 기다리고 있을 텐데.'

소연이 쇠구슬을 간신히 구한 것은 무려 네 시간이 흐른 뒤의 일이었다. 소연이 돌아오자 안절부절못하던 팀원들의 얼굴에 화색이 돌았다.

"빨리 각자 맡은 장치를 만들어 봅시다."

사이다와 소다수로 화학 반응을 일으켜서 이산화탄소를 만드는 장치가 소연이 만들어야 할 몫이었다. 소연은 사과할 겨를도 없이 조립에 몰두했다. 류정원 후보의 팀은 작업을 거의 끝낸 분위기였다.

마침내 시간이 됐다. 류정원 후보의 팀이 만든 로켓은 두 번은 실패했지만 세 번째 발사에서 과녁을 명중시켰다. 합격이었다.

그러나 소연의 팀이 만든 로켓은 일곱 번이나 시도했음에도 불구하고 목표에 도달하지 못했다. 완벽한 실패였다.

"죄송합니다. 저 때문에……."

소연은 눈물을 왈칵 쏟았다. 혼자 실패한 것은 혼자 책임을 지면 그뿐이다. 그러나 한 사람의 실수가 모든 팀원에게 영향을 미친다면 문제가 달라진다.

"잊었어요? 소연 씨가 실패한 게 아니라 우리 팀이 실패한 겁니다."

"아직은 만회할 기회가 있으니까 너무 걱정 말아요."

소연은 눈물을 닦으며 고개를 끄떡였다. 멋진 팀이었다.

로봇 팔을 조립하는 테스트는 2인 1조로 진행되었다. 한 명은 메인 돔에서 조립 매뉴얼을 설명해 주고, 다른 한 명은 작업용 돔의 1인용 칸막이 방에 들어가서 실제로 로봇 팔을 조립하는 시험이었다. 이렇게 만든 로봇의 팔로 작은 지구본을 들어 옮길 수 있어야 합격이었다.

소연의 파트너는 민완 경찰 장준성 후보였다. 소연은 로봇 팔의 동작 원리를 머릿속에 그려 놓고 부품들을 세밀하게 분류했다. 그리고 순서를 확실하게 정해 놓은 뒤에야 조립을 시작했다. 더 이상의 실수는 용납되지 않는다. 아주 작은 전선이나 나사도 쓰임이 있었다. 하나라도 놓쳐선 안 되는 일이었다.

이진영-고산 팀이 만든 로봇 팔이 삑삑거리며 움직이기 시작한다. 성공이었다. 정말 질릴 정도로 빠른 사람들이었다.

윤석오-최아정 팀의 로봇도 멋지게 움직였다. 윤석오 씨는 연구원도 아닌, 대학교의 직원임에도 불구하고 늘 만만찮은 솜씨를 보여 주고 있다.

'조립 속도보다는 정교함에 승부를 걸겠어.'

소연은 내심 이렇게 생각했다. 시간이 거의 다 되어서야 소연은 완성품을 내놓았다. 그 움직임은 참으로 부드럽고 멋진 것이었다. 박수가 쏟아졌다. 모든 테스트가 끝났다고 생각하자 눈이 제대로 떠지지 않았다. 엄청난 피로였다.

캠프의 사회자가 소연에게 마이크를 들이밀었다.

"지금 가장 하고 싶은 게 뭐죠?"

"자고 싶어요. 모든 걸 다 잊어버린 채로요."

소연의 솔직한 대답이었다.

별의 도시로 떠나다

러시아 현지 선발 테스트

가가린 우주인 훈련 센터 겨울의 모스크바는 햇빛을 구경하기 힘들다. 하늘에 몇 겹으로 드리워진 구름 때문이다. 겨우내 이 구름은 좀처럼 움직이지 않는다. 그 때문에 모스크바의 시민이 햇빛을 보는 건 한 달에 서너 번이 고작이다.

소연은 항공기의 창문을 통해 아래에 깔린 구름을 바라보고 있었다. 벌써 몇 시간째 같은 풍경이었다. 직항으로 날아가면 인천에서 모스크바까지 아홉 시간쯤 걸린다. 그러나 소연은 아홉 시간이 아니라 9개월을 날아온 셈이었다.

스페이스 캠프에서 소연은 두 사람과 이별해야 했다. 류정원 후보와 이한규 후보였다. 두 사람은 뜨거웠던 도전을 좋은 추억으로 간직하겠다면서 훌훌 떠났다. 조금은 쓸쓸해 보이는 뒷모습이었다.

후보가 줄어든다는 것은 소연의 기회가 그만큼 늘어났음을 의미한다. 기뻐해도 좋을 일이었다. 그러나 이별 뒤의 감정은 오히려 상실감에 가까운 것이었다.

나도 언젠가는 그들의 뒤를 따르겠지. 무심코 이런 생각을 떠올리던 소연은 깜짝 놀라 고개를 흔들었다. 내가 지금 무슨 생각을 하는 거야. 약해지면 안 돼.

갑자기 〈인생은 아름다워〉라는 영화가 떠올랐다. 소연이 가장 좋아하는 영화였다. 2차 세계대전이 끝나갈 무렵 나치에 의해 악명 높은 유태인 수용소에 끌려간 아버지와 어린 아들의 얘기였다.

언제 가스실에 들어가서 목숨을 잃게 될지 알 수 없는 상황이었지만 아버지는 아들을 위해 거짓말을 한다. 수용소의 가혹한 현실이 '탱크'라는 상품을 타기 위한 하나의 게임이라는 얘기였다. 원래 장난감 탱크를 좋아했던 아들은 아버지의 말을 철석같이 믿고 수용소 생활을 즐기기 시작한다. 아버지는 아들이 참혹한 현실을 눈치 채지 못하도록 끊임없이 농담을 늘어놓으며 웃고 떠든다. 결국 아버지는 후퇴하던 독일군에게 총살당하지만, 죽으러 가는 순간까지도 웃음을 잃지 않는다. 그의 노력은 헛되지 않았다. 아들은 공포의 수용소를 즐거운 추억으로 간직한 채 어머니와 재회하게 되는 것이다.

고통이라는 것도 어떻게 생각하느냐에 따라 달라질 테지.

소연은 갈증 때문에 미네랄워터를 꺼내 들었다. 반쯤 남은 페트병이 보기 흉하게 찌그러져 있다. 기압이 높아졌다는 증거였다. 예전 같으면 무심하게 지나쳤을 일이지만 이제는 물병조차도 예사롭게 보이지 않았다.

비행기의 고도가 낮아지고 있구나. 모스크바가 가깝다는 뜻이야. 소연은 물을 마시면서 기내를 둘러보았다. 몇 개의 좌석 너머고산의 모습이 보였다. 그는 솔제니친*의 책을 읽고 있었다. 러시아에 갈 때는 러시아의 책을 읽는다. 그는 그런 사내였다.

*러시아의 소설가(1918〜). 1970년 노벨문학상 수상자.

장준성 후보도 보였다. 그는 경찰이었고 일선에서 뛰는 수사관이었다. 스페이스 캠프와 러시아 현지 선발 테스트를 위해 2주간의 휴가를 냈다고 한다. 그가 우주인이 되면 우주 최초의 수사관이 될지도 모를 일이었다.

우주에서, 이소연입니다

러시아 현지에 도착한
8인의 우주인 후보들.

비행기가 하강하면서 구름 밑의 풍경이 드러나기 시작한다. 온
통 눈밭인 황량한 벌판이다. 사람 사는 집과 나무들은 한지에 번진
얼룩처럼 보인다.

어느덧 모스크바였다.

2006년 12월 3일, 여덟 명의 우주인 후보가 포함된 50명의 관
계자들이 모스크바의 세르메체보 공항에 도착했다.

이제 후보들은 가가린 우주인 훈련 센터를 방문한 뒤에 우주 적
성 검사와 현지 적응도 검사를 받게 될 것이었다. 검사를 받고나면
결과에 따라 두 명이 제외되고 후보는 여섯 명만 남게 된다. 경쟁은
러시아까지 이어지고 있었다.

입국 수속을 마친 일행이 숙소인 샬루트 호텔로 이동하는데, 구
름이 조금씩 갈라지면서 햇살이 돋아나기 시작했다. 드문 일이었다.

"길조가 아니겠습니까."

후보들의 인솔을 맡은 최기혁 단장이 슬며시 웃으며 이렇게 중얼거렸다.

대도시 모스크바를 빠져나와 북동쪽으로 40킬로미터 정도 올라가다 보면 한적한 마을이 하나 나온다. 마을의 크기는 아주 작지만 이름은 '즈뵤즈드늬 가라독'이다. 영어로는 Star City, '별의 도시'라는 뜻이다.

이 조그만 마을에 왜 도시라는 이름이 붙었을까. 설명에 따르면 이유는 두 가지였다. 하나는 마을에 아파트, 기숙사 등과 같은 주거 시설과 병원, 상점, 문화 센터, 체육관, 심지어는 학교와 호텔, 박물관까지 있어서 웬만한 소도시 뺨치는 기능을 가지고 있기 때문이다. 다른 하나는 마을의 역사다. 이 마을은 1960년 1월, 구소련이 허허벌판에 '우주인 양성소'를 건설하면서 그 역사가 시작된다. 물론 냉전이 한창이었던 시기였던 만큼 건물들은 높은 장벽과 전기 철망으로 둘러싸여 있었다. 철저한 보안이 필요했기 때문이었다.

우주 개발 초창기에 러시아 우주인들은 이곳에서 말로는 형용할 수 없는 가혹한 훈련을 받았다. 엄혹한 우주에서 살아남기 위해서였다. 그 노력이 헛되지 않아 러시아는 미국보다 빨리 우주에 진출할 수 있었고, 그 과정에서 축적된 많은 자료들은 러시아가 우주 강국의 위상을 유지하는 데 큰 몫을 했다.

소련은 우주인 훈련 센터의 명칭을 '가가린 우주인 훈련 센터'로 바꾸었는데, 이는 훈련 센터의 최초 우주인이자 1968년 비행기 추락 사고로 사망한 러시아의 우주 영웅 '유리 가가린'을 기리기 위함이었다.

스타시티는 가가린 우주센터를 중심으로 만들어진 마을이다. 마을의 크기와 관계없이 그 의미는 제아무리 큰 도시라도 따라올 수 없는 것이었다. 그것이 도시라는 명칭을 받게 된 또 하나의 이유였다.

우주에서, 이소연입니다

가가린 우주센터 전경.

　　세월이 흘러 전기 철망도 사라진 훈련 센터의 정문을 고작 두 명의 러시아 병사가 지키고 있다. 세계적인 우주 비행사 훈련소라는 말이 무색할 정도로 볼품없는 모습이었다.

　　여기가 그 유명한 가가린 우주센터 맞아?

　　최첨단 인텔리전트 빌딩까지는 아니더라도, 멋진 현대식 건축물을 기대했던 소연은 적이 실망스러웠다. 다른 후보들도 놀라는 눈치였다.

　　정문을 통과하자 오래되고 낡은 건물들이 눈에 들어왔다. 1960년에 건설된 이후로 그다지 큰 변화가 없었던 것 같았다. 하나같이 겉치장이나 장식과는 거리가 멀어 보였다.

"여기가 미국 나사NASA와 쌍벽을 이루었던 러시아 우주인의 총본산이란 말이지."

"겉보기엔 평범한 학교 같은데."

이렇게 수군거리던 후보들은 내부 시설을 돌아보면서 표정이 바뀌기 시작했다. 건물마다 비행 모의 장치, 실물 크기의 우주선 모형, 중력 가속도 훈련 장치, 각종 연구실 등 우주 비행사의 훈련에 필요한 모든 시설이 갖추어져 있었던 것이다.

그들이 '낡음'으로 보았던 것이 실은 연륜과 자부심이었다. 그들은 바꿀 필요를 느끼지 않는 것이었다. 유리 가가린이 사용하던 개인 사물함도 옛날 모습 그대로 보존되어 있을 정도였다. 소유스 우주선을 고물 취급하던 나사NASA도 우주 왕복선 챌린저호의 사고★ 이후에는 태도를 바꾸어 소유스를 얻어 타고 우주로 날아간다지 않는가.

가가린 우주센터가 준비한 첫 프로그램은 현지 교관 및 심사 위원들과의 첫 만남이었다. 테스트 일정에 관한 설명도 이 자리에서 이루어졌다.

"여러분이 도전해야 할 테스트 중에서 가장 중요한 것은 무중력 비행 훈련과 수중 유영 훈련입니다."

가가린 우주인 훈련 센터의 학술 부문 부청장인 보리스 알렉산드로비치의 설명이었다. 엄격해 보이는 인상이었지만 말투는 부드러운 사람이었다.

"무중력 비행은 여러분의 신체가 무중력 상태에 얼마나 잘 적응하는지를 알려 주게 될 것입니다. 수중 유영 훈련에서는 국제우주정거장ISS에서 임무를 잘 수행할 수 있는지를 판단하게 됩니다. 두 가지 모두 힘든 훈련이기 때문에 여러분은 먼저 우리 의료진에게

★ 1986년 1월 28일, 일곱 명의 승무원을 태운 미국의 우주 왕복선 챌린저호가 발사 약 73초 후 공중에서 폭발하여 승무원 전원이 사망했던 사고.

우주에서, 이소연입니다

여러 가지 검사를 받게 됩니다."

무중력 테스트는 '일류신Il' yushin76'이라는 수송기를 개조한, 특수한 비행기 안에서 실시될 예정이었다. 이 특별한 비행기는 높은 고도를 반원처럼 날아가면서 무중력 상태를 만들어 내는데, 무중력 상태 직전과 직후에는 탑승자의 몸에 2G가량의 중력이 가해지게 된다.

한 번 이륙에 무중력 상태가 열 번 이상 만들어진다고 하니까 2G의 중력이 가해지는 횟수는 그 두 배가 되는 셈이었다. 건강한 몸이 아니라면 심각한 결과를 낳을 수도 있는 실험이었다.

후보들은 의료 센터에서 정밀하게 검사를 받은 뒤 특수한 내의를 입었다. 그다음에 계측기를 허리에 부착하고, 몸 곳곳에 수십 개의 센서를 붙였다. 무중력 상태의 신체 반응을 정밀하게 기록하는 장치였다. 이 기록이 좋지 않으면 경쟁에서 탈락하게 될 것이었다.

교관들이 뭔가를 운반해 왔고, 그것을 의아하게 바라보던 후보들의 입에서 환성이 터졌다. 러시아 우주복 '소콜Sokol ★'이었다.

러시아어로 '매'라는 뜻.

소콜 우주복은 복장 본체, 헬멧, 장갑, 구두로 구성된다. 본체는 상하의가 하나로 된 일체식인데, 가슴 부분에 V자형 지퍼가 있어 이 부분에 몸을 넣어 착용한다. 극한 상황을 견딜 수 있게 첨단 섬유로 만들어졌으며 가슴에 달린 레귤레이터는 우주복 안의 압력을 일정하게 유지하게 한다. 신체 체크 케이블도 달려 있어 우주인의 몸 상태를 실시간으로 체크할 수도 있다. 원래 소콜은 전투기 조종 사용 비행 압력복을 개조한 것이었는데, 무게는 약 10킬로그램, 가격은 우리나라 돈으로 무려 5억 원이 넘었다.

우주 비행사는 이 우주복을 3분 내에 입어야 한다. 만일 사람의 몸이 진공 상태에 노출된다면 길어야 3분밖에 버틸 수 없기 때문이다.

"나중에 남편을 아무리 졸라도 이런 옷은 못 사줄 걸요."

교관의 도움을 받아 우주복을 입던 소연이 농담을 했다. 일제히 웃음이 터졌다.

"맞아요. 내 평생에 이렇게 비싼 옷을 입게 될 줄이야."

후보들의 얼굴은 하나같이 상기되어 있었다. 우리가 정말 우주에 가까이 있구나, 라는 생각 때문이었다.

"생각보다 얇은 느낌인데요. 갑옷을 입은 느낌일 줄 알았는데 잠수복 정도의 수준이네요."

윤석오 후보가 고개를 갸웃거리며 하는 말이었다.

"이걸 입고 달리기를 하면 볼 만하겠는걸. 100미터 달리기를 하면 몇 초쯤 나올까?"

"17초쯤?"

별 뜻 없이 던진 말이었는데 누군가가 진지하게 대답을 했다. 고산이었다. 다른 후보들이 놀란 얼굴로 바라보자 고산은 멋쩍은 표정을 지었다.

"조금 더 늦으려나?"

우주복을 입은 후보들이 유리 가가린의 동상 앞에서 기념 촬영을 했다. 그들은 여전히 경쟁자였지만 이 순간만큼은 대한민국을 대표하는 우주 사절이었다.

소연은 몹시 들떠 있었다. 후보에 지원한 이래 처음 느껴보는 기분이었다. 뭐든 한마디 하지 않으면 체할 것만 같았다.

"난 정말로 우주에 가고 싶어."

기어이 소연은 이런 말을 하고 말았다. 마음에는 품고 있었으되, 그동안 꼭꼭 감춰 왔던 말이었다. 후보들의 얼굴에 미소가 떠올랐다. 당연하지. 여기서 과연 누가 다른 말을 할 수 있으랴.

러시아에서의 첫날이 마무리 될 무렵 좋지 않은 소식이 들려왔

우주에서, 이소연입니다

다. 항공우주의료원에서 검진 받을 때는 별 문제가 없었던 후보들의 몸에서 몇 가지 이상이 발견된 것이다.

멀쩡해 보이던 고산은 가벼운 감기에 걸려 있었고, 다른 후보들한테서도 편도선과 비염이 발견되었는가 하면 혈압이 문제가 된 후보도 있었다. 가장 심각한 것은 김영민 후보였다. 고막의 출혈이 발견된 것이다. 고도 비행으로 압력이 가중되는 무중력 비행에는 치명적이랄 수 있는 결함이었다.

"서울에서의 일정이 너무 빡빡했어요. 그동안 스트레스도 심했고 신체 리듬도 깨져서 이런 결과가 나온 겁니다."

후보들을 만난 자리에서 항공우주의료원의 정기영 원장이 이렇게 탄식을 했다.

"이젠 어떻게 되는 겁니까."

"원칙적으로는 무중력 훈련과 수중 유영 훈련에 참가할 수 없게 돼 버렸습니다."

후보들의 얼굴이 대뜸 어두워졌다. 원장은 그런 후보들을 위로하듯 말을 이었다.

"그러나 내일 또 한 번의 검사를 요청해 놓았습니다. 그것을 통과하면 문제가 되지 않습니다. 부디 오늘 저녁은 몸 관리에 신경 쓰면서 푹 쉬세요. 절대로 무리하면 안 됩니다."

후보들이 묵묵히 고개를 끄떡였다. 원장은 가볍게 한숨을 쉬었다.

"우리가 어떻게 여기까지 왔습니까. 다들 힘냅시다."

참으로 길었던 밤이었다. 날이 밝자 후보들은 초조한 표정으로 다시 진찰대에 앉았다.

고산은 합격이었다. 해열제를 먹고 푹 쉰 보람이 있었다. 비염의 소견이 있었던 박지영 후보도 합격이었다. 서울에서 가져온 진료 기록이 인정된 것이다. 후보들의 얼굴이 밝아지기 시작했다. 혈압이 문제가 됐던 이진영 소령마저 정상으로 판명 나자 후보들은 예전의 분위기를 되찾는 듯했다. 그러나 김영민 후보는 끝내 재검을 통과하지 못했다. 훈련 불가 판정이 떨어진 것이다.

"힘들게 여기까지 왔는데……."

김영민 후보가 젖은 눈으로 중얼거렸다. 그는 나약한 몸과 마음을 다잡기 위해 해병대에 입대했을 정도로 당찬 사내였다. 우주인 선발에 응모한 이유도 자기의 한계를 알아보기 위해서였다. 그랬던 그가 고막의 사소한 출혈로 꿈을 접게 된 것이었다.

후보들은 말을 아꼈다. 어떤 말도 위로가 되지 못함을 알기 때문이었다. 그러나 김영민 후보는 곧 원래의 표정을 되찾았다.

"우주인 후보에서 제자리로 돌아왔네요. 피할 수 없으면 즐겨야죠. 이 자리에서 여러분이 잘하나 못하나 지켜볼 겁니다."

후보들이 탈 무중력 항공기는 양 날개의 **'일류신 76'을 타고** 끝이 약간 아래로 처져 있었고, 조종석은 격자형 유리로 돼 있었다. 길이는 47미터, 높이 15미터, 날개폭 51미터의 날아다니는 우주 비행 실험실이었다.

"이것이 날아다니는 바이킹이란 말이지."

기자들이 무중력기의 모습을 카메라에 담기 시작했다. 러시아측의 배려로 그들 또한 비행기에 탑승하게 될 것이었다.

교관들은 비행에 앞서 낙하산을 지급하고 그 사용법을 가르쳤다. 낙하산을 보자 후보들은 조금씩 긴장하는 눈치였다. 비상시에는 아무도 도와줄 사람이 없다. 자신의 생명은 자신이 지켜야 하는 것이다.

오전 9시 35분. 마침내 비행기가 이륙을 시작했다. 1차 비행이었다.

"만일 비행 도중에 속이 메스껍거든 주저하지 말고 불러 주세요. 비닐 봉투가 준비되어 있습니다."

러시아 교관의 말이었다. 소연은 그저 형식적인 주의 사항이라고 생각했는데 최아정 후보가 손을 들었다. 의외였다. 그러고 보니 다른 후보들에 비해서 안색이 좋지 않았다.

최아정 후보는 첫인상이 워낙 여리고 착해 보여서 '아기 같다'는 느낌을 받았던 사람이었다. 그런 선입견 때문에 험난한 테스트를 이겨 낼 수 있을지 걱정이 됐던 것도 사실이었다. 그러나 테스트가 거듭되면서 소연은 자신의 걱정이 기우에 불과했음을 깨달아야 했다. 그 작은 체구 안에 어쩌면 그리도 강인한 의지가 숨어 있는 것인지, 소연은 감탄할 때가 한두 번이 아니었다. 마침내 소연은 최아정 후보를 '같은 과'로 인정하지 않을 수 없었다.

그랬던 그녀가 끝내 고통받는 모습을 보자 소연은 마음이 안쓰러웠다. 그러나 안쓰러움은 잠깐이었다. 갑자기 엄청난 압력이 전신을

일류신 76기 앞에서
태극기를 펼쳐 든
이소연과 고산.

무중력 공간에서
포즈를 취하고 있는
우주인 후보들.

짓눌러 왔던 것이다. 가만히 서 있기도 어려울 정도였다. 카메라를
든 기자들이 압력을 이기지 못하고 벌렁벌렁 쓰러지고 있었다.

가속되고 있구나. 그 다음은?

다음 순간, 거짓말 같은 일이 벌어졌다. 넘어졌던 카메라맨의 몸
이 슬그머니 떠올랐던 것이다. 그리고 소연은 그 광경을 '공중'에
서 바라보고 있었다. 소연의 머리카락이 부챗살처럼 퍼져 나갔다.
다른 후보들도 비눗방울처럼 허공을 떠돌고 있었다.

무중력이었다. 그리고 별천지였다. 중력만 없어진 것이 아니라
시간도 느릿느릿 흘러가는 듯했다. 어떤 후보는 공중에서 참선하
는 스님처럼 가부좌 자세를 취하기도 했다. 영락없는 공중 부양이
었다.

꿈같은 20초가 흐르자 다시 강한 압력이 몰려왔다. 후보들과 기
자들은 러시아 교관의 지시에 따라 손잡이를 잡고 압력에 저항해

우주에서, 이소연입니다

고산과 이소연이
무중력 공간에 떠올라
태극기를 펼쳐 보이고 있다.

야 했다. 바닥에 떨어지는 사람도 있었다. 천국이 지옥으로 바뀌는
순간이었다.

얼마나 지났을까. 다시 천국이 시작됐다. 이제부터는 공중에서
이동하는 훈련을 받아야 한다. 처음에는 교관의 도움을 받는다. 수
평 이동으로 시작해서 수직 이동, 대각선 이동까지 익혀야 한다.

두 번째의 무중력이 끝나자 작은 소동이 벌어진다. 카메라맨 중
하나가 의식을 잃은 것이다. 교관들은 재빨리 카메라맨을 의자에
묶는다. 착륙할 때까지 보호하기 위해서다. 그의 불운은 중간에 내
릴 수가 없다는 데 있었다.

다른 기자들도 표정이 심상치 않다. 우주인 후보들은 몇 차례의
훈련을 통해 어느 정도 내성이 있었지만 기자들은 멀미에 무방비
상태였기 때문이다. 그래도 그들은 열심히 셔터를 누르고 카메라
를 돌린다. 프로는 역시 프로였다.

"기분이 어때요?"

기자들 중 하나가 소연에게 물었다.

"소원 풀었죠, 뭐."

소연이 대답했다.

"이렇게 완벽한 다이어트는 처음이에요."

비행기가 10시 50분에 착륙할 때까지 후보들은 열한 번이나 무중력 상태를 겪었다. 이 상태에서 그들은 무게 100킬로그램짜리의 물건을 던지고 받거나 공중제비 돌기, 공중에 떠서 우주복 입기, 우주복 입고 원하는 방향으로 날아가기 등을 교관 앞에서 실연해야 했다.

그러나 지상에 내려왔다고 훈련이 끝난 것은 아니었다. 2차 비행이 남아 있었다. 1차 비행에 탑승했던 기자들은 고개를 절레절레 흔들었다.

"죽어도 못 탈 것 같아."

"내 평생 가장 힘든 시간이었어."

기자들은 별로 쉬지도 못하고 2차 비행에 나서게 될 후보들을 안타까운 눈길로 바라보았다. 그러나 일곱 명의 후보들은 추호의 망설임도 없이 손을 흔들면서 비행기에 올랐다. 그리고 그들이 2차 비행에서 한 일은 무중력 상태에서 대형 태극기를 펼쳐 보이는 것이었다.

우주 유영 훈련

다음 날은 우주 유영 훈련이었다. 무중력 훈련 때문에 밤새 멀미에 시달리던 후보도 있었지만 훈련은 쉴 틈도 없이 진행되었다. 다행히 대형 풀장에서 치러진 테스트는 무중력 항공기만큼 부담이 큰 것은 아니었다.

후보들이 가가린 우주센터 내의 7층짜리 원형 건물로 들어서자 깊이 12미터, 지름 23미터 둥근 풀장이 나타났다. 우주 유영 훈련장 '하이드로랩'이었다.

수면에는 국제우주정거장ISS 가운데 러시아가 만든 '즈베즈다 Zvezda' 모듈의 실물 모형이 대형 철판 위에 세워져 있었다. 후보들 중 한 사람이 실제로 국제우주정거장으로 올라가서 생활하게 될 공간과 똑같은 것이었다.

"우주인은 항상 만약의 사태에 대비해야 합니다."

교관의 설명이었다.

"우주정거장에서 생활을 하다가 보면 불의의 사고 때문에 정거장 외부에서 작업을 해야 할 경우가 있습니다. 그때를 대비해서 만

우주 유영 훈련장
하이드로랩의 모습.

든 훈련장입니다."

물속에서 부력을 적절히 이용하면 우주 공간의 무중력 상태와 흡사한 상황을 만들 수 있다. 실제와 같을 수는 없겠지만 후보들은 물속에서 우주 유영을 경험하게 될 터였다.

후보들에게 스킨 스쿠버 장비가 지급되었다. 그러나 여자 후보들은 몸에 맞는 크기가 없어서 한국에서 가져간 장비를 써야 했다.

"러시아 아가씨들은 덩치가 큰 모양이지?"

소연이 어깨를 으쓱거렸다. 그러나 내심 다행이라는 생각이 들었다. 우리 것이 좋은 것이여.

교관이 버튼을 누르자 수면 위에 세워진 모듈 모형이 철판 밑바닥과 함께 천천히 아래로 내려갔다. 물속에 우주 공간이 만들어지는 순간이었다.

소연은 이진영, 장준성 후보와 한 팀이 되어 물속에 들어갔다. 12미터 깊이의 풀 내부는 세 개 층에 걸쳐 마련된 강화 유리창들을 통해서 낱낱이 살펴볼 수 있게 돼 있었다. 실제 크기의 모듈은 생각보다 컸다. 모듈의 이름은 즈베즈다 Zvezda, '별'이라는 뜻이었다. 유유하게 헤엄쳐 가서 모듈을 손으로 만져 보던 소연은 아찔한 기시감旣視感 같은 것을 느꼈다.

'여기가 진짜 우주 공간이라면.'

소연은 생각했다.

'태양풍太陽風★에 날려 간다고 해도 후회가 없을 것 같아.'

후보들이 다시 교육관에 모였다. 센터에 처음 도착해서 브리핑을 들었던 자리였다. 고작 3일이 지났을 뿐인데도 소연은 감회가 새로웠다.

"지금까지 이 훈련소에서 세계 31개국 422명의 우주인들이 훈련을 받았고, 그중 212명이 우주를 다녀왔습니다."

태양에서 우주 공간으로 쏟아져 나가는 전자, 양성자, 헬륨의 원자핵 등으로 이루어진 입자의 흐름을 말함.

우주에서, 이소연입니다

보리스 알렉산드로비치 부청장의 말이었다.

"지난 3일간 여러분을 지켜본 결과 여러분의 열정과 노력도 선배 우주인들에 뒤지지 않음을 확신하게 되었습니다. 누가 진짜 우주선을 타게 될지는 아직 모르지만, 여러분은 이미 자랑스러운 우주인입니다."

박수가 터지는 가운데 어떤 기자가 질문을 던졌다.

"우주인은 어떤 조건을 갖추어야 합니까?"

"세 가지로 요약할 수 있습니다. 첫째, 완벽한 비행 조건을 갖추기 위해 힘든 훈련을 이겨 내야 합니다. 이것이 가장 중요한 항목입니다. 둘째, 완벽한 기계 조작 능력을 갖추어야 합니다. 그것이 우주에서 수행해야 할 우주인의 임무이기 때문입니다. 그리고 셋째는……."

부청장이 뜸을 들이면서 빙긋 웃었다.

"용모가 훌륭해야 합니다. 우주인은 나라를 대표하는 사람이니까요. 물론 여러분들은 걱정을 안 해도 될 것 같습니다."

후보들 사이에 잔잔한 웃음이 일었다. 그러나 최종 합격자를 발표하겠다는 말이 이어지자 교육관에는 아연 긴장이 감돌았다.

"고산. 박지영. 윤석오. 이소연. 이진영. 장준성. 이상 여섯 명입니다."

훈련에 참가하지 못한 김영민 후보의 탈락은 모두가 예상했던 결과다. 그러나 최아정 후보의 탈락은 의외였다. 무중력 항공기에서 많은 고통을 드러낸 것이 원인이었을까.

소연은 눈물을 글썽이며 최아정 후보의 손을 잡았다. 또다시 길동무를 잃게 된 것이다. 성격이 소연과 판박이였던 후보라 아쉬움은 더했다. 최아정 후보는 비교적 담담하게 결과를 받아들였다. 김영민 후보도 마찬가지였다. 다른 후보들도 탈락한 두 후보를 얼싸

안고 격려와 위로의 말을 전했다.

　그날 저녁에는 조촐한 뒤풀이 모임이 있었다. 고생했던 모든 후보들이 모여 회포를 푸는 자리였다. 낮에는 초연한 모습을 보였던 두 후보도 그동안 동고동락했던 동료와 헤어지게 되자 아쉬움을 토로하기 시작했다. 심지어 최아정 후보는 눈물을 보이기까지 했다.

　'그래. 이게 자연스러운 거야. 아정이는 대단하기도 하지. 저렇게 큰 괴로움을 어떻게 감추고 있었던 걸까.'

　소연도 그날 만큼은 가까운 선후배 사이로 돌아가서 잔을 주고받았다. 꽤 오랜 시간이었을 것이다. 결국 최아정 후보는 숙소로 돌아갈 때 소연의 부축을 받아야 했다.

　"언니, 저 잘해 낸 거죠?"

　어깨를 맡긴 채 말없이 걷던 최아정 후보가 이렇게 물어 왔다.

　"그럼."

　소연이 단호하게 말했다.

　"넌 이미 우주인이잖아."

　살아남은 여섯 명의 마지막 일정은 러시아 현지 적응 훈련이었다. 말이 훈련이지 게임과도 같은 것이었다.

　이를테면 과제로 주어진 물건을 재래시장에서 구입한다든지 정비소에서 고장 난 자동차를 수리한다든지 생전 처음 들어보는 이름의 음식을 사 먹어 본다든지 하는 식이었다.

　5일간의 일정을 모두 마친 후보들은 무사히 인천공항으로 돌아왔다. 공항에는 꽤 많은 취재진이 후보들을 기다리고 있었다.

　후보들은 공항에서 마지막 기념사진을 찍기로 했는데, 고산은 김영민 후보와 최아정 후보를 굳이 가운데에 세웠다. 이제는 같이 갈 수 없다는 아쉬움 때문이었다.

　"내가 떨어진 이유는 귀의 출혈 때문이 아니라 자신과의 싸움에서 졌기 때문입니다."

어렵게 소감을 묻는 기자에게 김영민 후보가 하는 말이었다.

"우주인은 강인한 육체뿐만 아니라 강인한 정신까지 갖추어야 합니다. 여섯 사람은 충분한 자격을 갖추고 있습니다."

우리는 꿈을 쏘았다

최종 우주인 후보 발표

나는 하늘을 향하여 활을 쏘았다
그 화살은 너무도 빨리 날아서
내 눈은 따라갈 수가 없었다
정녕 땅 위로 돌아왔으련만
화살이 간 곳을 알 수 없었다

나는 하늘을 향해 노래를 불렀다
저 빠르게 흩어지는 노래를
그 누가 따라가 잡을 수 있으랴
그 노래도 땅 위로 돌아왔건만
그 간 곳을 알 수 없었다

오래고 오랜 후의 일이다
싱싱한 상수리나무 등걸에서
아직 꺾이지 않은 그 화살을
아, 나는 찾아낸 것이다

오래고 오랜 후의 일이다
친구들의 가슴에서
그때 내가 부른 노래를
아, 나는 다시 찾아낸 것이다★

미국의 시인 롱펠로의 시
〈화살과 노래〉.

젊은 연인이 있었다. 둘 다 음악도였다. 남자는 뛰어난 재능은 없지만 자존심이 강한 트럼펫 주자다. 남자는 손수 곡을 만들어 여자에게 연주해 주기도 한다. 돈을 위해 음악을 하면 안 된다고 믿는 그는 학원에서 아이들을 가르치거나 밤무대에 서는 일만은 끝내 피하려고 한다. 그러나 여자는 현실적이다. 음악도 중요하지만 살아가는 것도 중요하다. 이런 차이가 원인이 되어 연인은 헤어지고 만다. 여자는 학원을 열고 남자는 도망치듯 강원도의 탄광촌까지 흘러가서 임시 음악 교사가 된다.

어느 날 여자는 강원도에 볼 일을 보러 갔다가 바닷가에 홀로 앉아 있는 시골 소년을 만난다. 소년이 들고 있는 트럼펫에 마음이 끌린 여자는 나란히 앉아서 몇 마디 이야기를 나눈다. 소년은 여자에게 집에 갈 차비를 부탁한다. 여자는 차비를 주는 대신 트럼펫을 연주해 달라고 부탁한다. 소년이 신이 나서 트럼펫을 부는데, 여자는 그 곡이 귀에 익다고 생각한다.

아, 그 남자의 곡이다.

그 사람은 지금 곁에 없지만 누군가의 마음속에 음악으로 남았구나. 여자는 연주 도중에 끊임없이 눈물을 흘린다. 소년은 깜짝 놀라지만 뭔가 사연이 있을 거라고 생각하면서 연주를 멈추지 않는다……

영화 〈꽃피는 봄이 오면〉의 한 장면이다. 소연도 이 영화를 보면서 눈물을 흘렸다. 영화가 너무 좋았던 나머지 부어 오던 적금을 헐어서 악기를 사기도 했다. 비록 영화에 나오는 트럼펫이 아니라 클라리넷이었지만.

"갑자기 악기는 왜 만지고 그래."

친구 지연이 의아한 얼굴로 바라본다. 지연은 고교 시절부터 대학원까지 룸메이트인, 끈질긴 인연으로 맺어진 친구였다.

"그냥. 조용히 음악을 들어본 게 하도 오래전 일 같아서."

"캐럴 소리 안 들려? 크리스마스이브인데 데이트라도 하지 그래."

남자 친구가 없다는 걸 뻔히 알면서도 지연이 약을 올린다.

"피차 사정이 딱한데 음악이나 듣자."

소연이 악기를 불어 보는 대신 음악 CD를 CD플레이어에 넣는다. 모차르트다. 쾨헬 넘버 622. 클라리넷의 명곡이었다.

1악장이 경쾌하다. 소연은 라르고largo에 가까운 2악장보다 1악장을 좋아했다. 지연도 책을 덮고 음악에 귀를 기울이기 시작한다.

"벌써 내일이네. 불안해?"

악장이 끝나 갈 무렵, 지연이 은근하게 묻는다. 하루 뒤로 다가온 우주인 최종 선발 얘기였다. 남은 인원은 여섯. 그중 둘이 우주인의 신분을 얻는다. 확률은 어느덧 3분의 1이었다.

소연은 다섯 명의 후보를 머릿속에 떠올려 보았다.

먼저 준성이. 최초의 경찰 우주인을 꿈꾸고 있다. 강한 체력과 사교성, 꼼꼼한 일처리 능력을 가졌다. 현재로서는 가장 유력한 후보다.

이진영 소령님. 현역 전투기 조종사로 강인함과 너그러운 인품의 소유자다. 역시 가장 유력한 후보다.

고산. 결점 따위는 아예 없어 보이는 남자다. 항상 자기 자신이 뭘 해야 하는지를 분명히 알고 있는 듯하다.

지영이. 후보 중 막내다. 대학교 선후배끼리 선의의 경쟁을 벌이다 보니 여기까지 왔다. 머리가 좋고 귀엽고 따뜻한 성격을 가졌다. 여자 우주인으로서는 적격일 것이다.

윤석오 씨. 그가 여기까지 올 줄은 몰랐다. 집념 하나만 가지고 따지면 그가 일등일 것이다. 낙천적인 성격인 줄 알았는데 테스트에 임하는 태도는 누구보다도 진지했다.

소연은 한숨을 쉬었다. 누가 우주인이 돼도 이상할 것이 없는 사람들이었다. 선정 위원들도 머리가 꽤나 아플 터였다.

그럼 나는? 소연이 자기 자신에 대해 정리를 한번 해보려는데 거짓말처럼 지연이 앞질러 갔다.

"이소연. 너는 열정적이고 섹시하고 쿨한 여자야. 게다가 힘도 세잖아."

소연이 눈을 커다랗게 떴다.

"내 생각을 읽기라도 한 거야?"

"우린 10년 이상을 같이 살았어. 그것도 모를까 봐?"

지연이 후후, 하고 웃었다. 소연이 멋쩍은 얼굴을 하고 있는데 지연이 조심스럽게 말을 이었다.

"그런데 만약에……."

소연은 지연이 하려는 말이 뭔지 알 것 같았다.

"떨어지면 어쩔 거냐고?"

"어쩔 것 같은데?"

소연은 생각했다. 화살이 간 곳은 알 수가 없었지만 먼 훗날 상수리나무에서 찾았다. 노래가 흘러간 곳을 알 수 없었지만 친구의 마음에서 찾았다. 사랑하는 사람의 음악은 낯선 소년의 마음속에서 자라고 있었다…….

내가 비록 우주인이 되지 못한다 해도 뜨거웠던 날들의 추억은 나 자신이나 사랑하는 사람들의 가슴속에서 노래로 살아나게 될 것이었다. 그 노래는 앞으로 펼쳐질 나의 삶을 의미 있고 값진 것으로 만들어 줄 것이었다. 그 노래가 나의 우주가 될 것이었다.

한참 만에 소연은 이렇게 말했다.

"아무도 떨어지지 않아. 장담할 수 있어."

2006년 12월 25일 오후 6시 50분. SBS 스튜디오의 불빛이 환하게 밝혀졌다. 생방송이 시작된 것이다.

여섯 명의 후보 중에서 최후의 2인이 결정되는 자리였다. 방청석은 '우주로245'★ 회원들과 후보들의 가족으로 빼곡히 메워져 있었다.

후보가 245명으로 압축되었을 때 만들어진 친목 모임.

회색 벨벳 재킷을 입은 여섯 명의 후보는 카메라를 의식하지 않고 담담하게 자신의 소신을 밝혔다. 겉으로 보기에는 단순한 인터뷰 같았지만 사실은 대중 친화력을 가늠하는 테스트의 일종이었다. 동시에 인터넷에서는 인기투표가 실시되고 있었다. 장준성 후보가 이진영 후보를 아슬아슬하게 앞서 가고 있는 상황이었다.

6인의 후보가
SBS 스튜디오에 모여
자신의 소감을 발표하고 있다.

마지막 테스트였던 국제우주정거장 가상 인터뷰가 끝났다. 마침내 때가 된 것이다.

김우식 과학기술부 부총리가 두 명의 이름이 적힌 카드 한 장을 들고 스테이지로 걸어 나왔다. 후보들에게나 가족들에게나 숨 막히는 순간이었다.

"고산!"

박수가 터지고 환호성이 쏟아져 나왔다. 고산은 비교적 담담한 얼굴이었다. 이제 두 번째 후보를 발표할 차례였다. 다섯 명의 후보에게는 영원 같은 몇 초가 흘러가고 있었다.

"이소연!"

소연은 가벼운 현기증을 느꼈다. 지금 내 이름이 나온 거야? 이소연이라는 이름이 나온 거 맞아?

아무것도 보이지 않고, 아무것도 들리지 않다가, 마치 영화의 화면이 페이드인 되듯 다른 후보들의 얼굴이 눈에 들어왔다. 이진영, 장준성, 박지영, 윤석오. 정말 힘들게 동행했던 길동무들이었다. 그

최종 우주인 후보 2인에
선발된 고산과 이소연.

사람들이 고산과 소연을 둘러싸고 따뜻하게 웃고 있었다.

소연은 목이 멘 채로 그들과 포옹을 했다. 이제 그들은 경쟁자가 아니라 든든한 후원자였다. 포옹 뒤에 소연은 손바닥을 가슴에 가만히 갖다 붙였다. 다른 사람들이 보기엔 흥분을 가라앉히기 위한 몸짓이었지만 소연은 마음속으로 이렇게 중얼거리고 있었다.

'당신들 모두를 우주에 데려가겠어요. 여기에 담아서 데려갈래요……'

그날 저녁, 소연과 고산은 항공우주연구원이 마련한 축하 파티에 참석했다. 물론 끝까지 경합을 벌였던 네 명의 후보도 함께였다. 네 명의 후보에게 어찌 아쉬움이 없었으랴만, 그들은 진심으로 축하를 아끼지 않았다. 소연은 고맙고 미안한 심정이었다.

"어차피 우리는 우주라는 산에 등정을 시작한 등반대잖아요."

술잔이 한 순배 돌기를 기다려서 소연이 말했다.

"일단 우리부터 올라갑니다. 베이스캠프에서 열심히 응원해 주세요."

오베르트에서 암스트롱까지

쥘 베른의 《지구에서 달까지》를 읽으면서 가슴이 두근거리던 한 독일 소년이 있었다. 열 번, 스무 번을 되풀이해서 읽는 바람에 책장이 너덜너덜해졌지만 소년은 싫증이 나지 않았다. 신기한 일이었다. '오베르트'라는 이름의 이 소년은 다 해진 책장을 정성껏 붙이면서 생각했다.

'내가 태어나서 해야 할 일이 꼭 하나 있다면 그건 우주에 가보는 거야.'

1923년, 오베르트는 《우주의 행성으로 가는 로켓The rocket into Interplanetary》이라는 작품을 발표한다. 이 책에는 다단계 로켓과 우주선, 인공위성, 우주정거장에 대한 내용이 92페이지에 걸쳐 설명되어 있었다. 사람들은 경악을 금치 못했다. 소설 속에서나 가능했던 우주여행이 현실에서도 가능하다고, 그 책은 강변하고 있었던 것이다. 특히 두 번째 단원에는 대기권 위까지 실험 기구를 싣고 올라갈 수 있는 '모델 B'라는 액체 추진제 로켓에 대한 설계도와 설명이 들어 있었고, 세 번째 단원에는 두 사람을 태우고 지구 궤도를 비행한 뒤 돌아올 수 있는 대형 우주선 '모델 E'에 대한 설계도와 설명이 덧붙여져 있었다.

이를 계기로 오베르트는 유명인이 되었으나 모든 사람들로부터 폭넓은 지지를 받은 것은 아니었다. 미심쩍은 눈길을 보내는 사람도 많았다. 오베르트는 실험을 통해서 자신의 이론을 입증해야 한다는 사실을 깨달았다. 혼자서는 어려운 일이었다. 오베르트는 자신을 뜻을 지지해 주는 사람들과 함께 우주 과학 단체를 만들기로 했다. 그리하여 1927년 독일 우주여행협회가 만들어진다.

회원들은 자비를 들여 로켓 연구를 시작했다. 그러나 워낙 돈이 많이 드는 실험이었다. 의욕은 넘쳐 났지만 자금은 턱없이 부족했다. 할 수 없이 오베르트는 고향인 루마니아에 돌아가 트란실바니아 고등학교에서 수학을 가르치기 시작했다. 그러나 뜻이 있으면 길이 있는 법. 어느 날 독일의 우파사라는 영화사가 오베르트에게 접촉을 해왔다. 로켓을 만들어 달라는 얘기였다. 영화 〈달세계의 소녀〉의 촬영에 쓰일 로켓이었다.

오베르트에게는 좋은 기회가 아닐 수 없었다. 이리하여 그는 길이 2미터짜리 액체 추진 로켓을 처음으로 제작하게 되는데 결과는 실패였다. 실험 도중에 폭발해 버린 것이다. 그러나 다음 해 개봉된 이 영화가 대성공을 거두는 바람에 오베르트는 독일에 남아 로켓 실험을 계속할 수 있게 되었다.

1928년, 18살의 앳된 소년이 독일 우주여행협회의 새 회원이 된다. 소년의 이름은 베르너 폰 브라운Wernher von Braun. 훗날 '로켓 공학의 천재'로 칭송받게 되는 바로 그 사람이었다.

폰 브라운은 1912년 3월 23일, 명문의 남작인 아버지와 아마추어 천문학자인 어머니 사이에서 태어났다. 어머니가 천문학자였으니 아들이 우주와 별에 관심을 갖게 된 것은 당연한 일이었다. 게다가 어머니가 사다 준 몇 권의 과학소설은 어린 소년의 장래를 일찌감치 결정해 버렸다. 우주를 평생의 꿈으로 품게 된 것이다.

고등학교를 졸업하고 베를린의 로덴부르크 공과대학에 진학한 폰 브라운은 독일 우주여행협회에 가입한다. 오베르트와 폰 브라운. 두 천재의 숙명적인 만남이 이루어지는 순간이었다.

폰 브라운의 재능을 눈여겨보던 오베르트는 그를 조수로 삼아 자신의 모든 지식을 전하는 한편, 함께 로켓을 연구하기 시작한다. 우주 반사경, 인공 달, 달 탐사선에 대한 아이디어도 이 무렵에 탄생했다. 폰 브라운의 명성이 높아지자 독일 육군의 로켓 연구소에서 그를 주목하기 시작한다. 당시 독일 육군은 로켓을 차세대 무기로 생각하고 있었기 때문에 폰 브라운과 같은 인재를 절실히 원하고 있었다.

로켓 연구소에 들어오면 연구비를 원하는 대로 지원하겠다는 육군의 제안은 만성적인 자금 부족에 시달리던 폰 브라운에게는 뿌리치기 어려운 유혹이었다.

마침내 육군으로 자리를 옮긴 폰 브라운은 고기가 물을 만난 듯 로켓 실험에 열정을 쏟아 붓는다. 그가 개발하고자 했던 로켓의 모델은 액체 연료와 산화제를 사용해서 추진력을 얻는 것이었다.

1934년 12월, 북해에 위치한 보르쿰Borkum 섬에서 두 개의 로켓이 비밀리에 발사되었다. 'A-2'라는 이름의 이 로켓은 4킬로미터를 비행했는데, 도달한 고도는 무려 2천 미터였다. 이는 미국 로켓의 아버지라고 불리는 고더드Robert Hutchings Goddard★의 당시 기록을 세 배나 넘어선 것이었다. 물론 이 로켓이 폰 브라운의 작품이었음은 두말할 나위가 없다.

A-2 로켓의 성공적인 비행 소식에 잔뜩 고무된 독일 육군은 막대한 자금을 투입해서 발트 해의 작은 섬 우세돔Usedom에 대규모 로켓 연구소를 건설했다. '페네뮌데Peenemuende' 라는 이름의 연구소였다. 페네뮌데의 책임 연구원이 된 폰 브라운은 A-2의 성공에 만족하지 않고 새로운 모델을 만드는 데 주력했다. 뒤이어 개발된 A-3 는 실패로 돌아갔으나 A-4를 설계하는 도중에 개발한 A-5는 13킬로미터를 상승하여 18킬로미터를 날아갔다. 더욱이 A-5에는 로켓의 진로를 바꿀 수 있는 유도 장치가 부착되어 있었다.

그리고 2차 세계대전이 한창이던 1942년 10월 3일, 마침내 완성된 A-4 로켓의 기념비적인 발사가 이루어졌다. A-4는 4분 56초 만에 무려 60킬로미터의 고도까지 상승했는데, 그곳은 인류가 만든 그 어떤 물건도 도달하지 못했던 성지였다.

V-2 로켓 발사 장면.

하지만 과학 기술이란 쓰기에 따라 약이 될 수도 있고 독이 될 수도 있는 것이었다. A-4도 마찬가지였다. 폰 브라운은 우주선을 만들었다고 생각했지만 독일군의 생각은 달랐다. A-4 는 적국을 제압할 신무기일 뿐이었다. 독일군은 A-4의 이름을 V-2로 바꾸었는데, V는 복수, 보복이라는 뜻의 독일어 페어겔퉁Vergeltung의 머리글자였다. 연합국에게 보복을 하겠다는 의미였다.

그러나 연합국에게는 천만다행으로, V-2의 대량 생산은 1년 이상 미뤄지게 된다. 독일군 수뇌부의 권력 구도가 바뀜으로써 지휘 체계에 혼란이 생겼기 때문이었다. 이때 수많은 사람들이 누명을 쓰고 체포되었는데 폰 브라운도 그중 한 사람이었다. 히틀러가 V-2의 위력을 제대로 알게 된 것은 훨씬 뒤의 일이었다. 히틀러는 주저없이 V-2의 대량 생산을 명령했고, V-2를 전문적으로 생산하는 공장이 건설되었다.

1944년 9월 8일, 네덜란드의 헤이그 부근에서 발사된 두 발의 V-2가 영국 런던에 떨어졌다. 영국인들은 폭격기가 보이지도 않는 상황에서 수도가 폭격되었다는 사실에 경악을 금치 못했다. 그러나 그것은 시작에 불과했다. 독일군은 1945년 3

월 2일까지 1,359발의 V-2를 런던을 향해 발사했고 그중 1,115발을 명중시켰다. 영국으로선 엄청난 재앙이었다.

피해를 입은 것은 영국만이 아니었다. 유럽의 다른 도시들도 2천 발에 가까운 V-2의 세례를 받았다. 그러나 그 무렵은 2차 세계대전의 막바지였고 독일군은 이미 회생불능이었다. V-2만 가지고 전황을 뒤집기에는 역부족이었다.

전쟁이 끝난 뒤 연합군 총사령관 아이젠하워는 이렇게 말했다.

"만약 V-2의 대량 생산이 6개월 정도만 앞당겨졌어도 세계 역사가 바뀌었을 것이다."

전쟁이 끝나자 세계는 미국 중심의 자유주의 진영과 소련 중심의 사회주의 진영으로 양분되었다. 냉전의 시작이었다. 미국과 소련은 국제 사회의 주도권을 잡기 위해 본격적인 경쟁에 돌입했는데, 가장 먼저 시작한 일은 독일이 개발한 V-2의 기술을 확보하는 것이었다.

실제로 V-2의 기술을 손에 넣으려는 양국의 경쟁은 전쟁이 끝나기도 전에 시작되고 있었다. 선수를 친 쪽은 미국이었다. 미군은 독일에 진격하자마자 V-2 로켓 공장을 찾아 들어가서 수많은 로켓의 부품과 조립 중인 V-2의 부품들을 모조리 긁어모은 뒤 본국으로 수송했다. 이른바 '페이퍼 클립' 작전이었다. 이 작전에서 미국이 얻은 소득은 상상을 초월했다. 부품도 부품이지만 180명에 달하는 페네뮌데의 연구원들을 미국으로 망명시킬 수 있었던 것이다. 연구원 중에서 소련을 선택한 사람은 단 한 명에 불과했다.

폰 브라운은 미국에서 연구를 계속하기로 했다. 미 육군 공병단은 길이 160킬로미터, 폭 64킬로미터에 달하는 뉴멕시코의 거대한 분지에 망명 과학자들을 위한 연구 단지를 건설했다. '화이트 샌드White sand'라는 이름의 연구 단지였다.

몇 년 뒤 이 단지에서 발사된 로켓이 390킬로미터까지 올라가서 세계 기록을 세웠으니 누가 봐도 로켓 개발은 미국이 한발 앞서 간 것처럼 보였다. 그러나 소련도 발 빠르게 움직이고 있었다. 일본의 히로시마와 나가사키에 원자폭탄이 떨어지는 광경을 목격한 소련은 커다란 위협을 느꼈다. 미국이 원자폭탄과 폰 브라운의 로켓 기술을 동시에 소유하게 되었으니 그들의 로켓이 핵탄두를 달고 소련 땅을 겨냥하게 될 것임은 불을 보듯 뻔한 일이었다.

1946년 10월, 소련은 200여 명의 독일인 로켓 기술자들을 본국으로 데려가서 모

스크바와 레닌그라드 근처에 강제로 수용했다. 로켓을 개발하기 위해서였다. 소련은 V-2의 엔진을 개량하여 RD-101이라는 엔진을 만들었는데, 이 엔진을 장착한 R-3 로켓은 1949년에 300킬로미터를 날아갈 수 있었다. 또 R-3 로켓을 개조한 V-2A 과학 관측 로켓은 2,200킬로그램의 관측 장비를 212킬로미터 상공까지 올리는 데 성공했으며 그 뒤에 만들어진 V-5V 과학 관측 로켓은 1,300킬로그램의 관측 장비를 무려 512킬로미터나 쏘아올렸다.

자신감을 얻은 러시아는 인공위성의 발사를 서둘렀는데, 그 중심에는 세르게이 파블로비치 코롤료프Sergey Pavlovich Korolyo라는 천재 과학자가 있었다. 폰 브라운과 코롤료프. 이 두 사람은 평생에 걸쳐 단 한 번도 마주친 적이 없지만 우주 과학 분야에서 가장 치열하게 승부를 겨루었던 숙명의 라이벌이었다.

소련의 우주 개발을 이끈 코롤료프는 1907년 지금의 우크라이나에서 태어났다. 어릴 때부터 비행기에 관심이 많았던 코롤료프는 열세 살이 되던 해에 모스크바의 항공기술학교에 입학하게 된다. 이 무렵부터 많은 비행기를 설계했는데, 자신이 제작한 비행기를 직접 조종하다가 추락하는 바람에 죽을 고비를 넘기기도 했다.

1930년에는 우주여행의 아버지라고 불리는 치올코프스키를 만나는데, 이것이 인생의 전환점이 되었다. 로켓의 존재를 알게 된 것이다. 우주여행을 삶의 목표로 정한 코롤료프는 뜻이 맞는 동료들과 모스크바 반동 추진 연구 그룹이라는 것을 만든다. 이 그룹의 업적은 러시아 최초의 액체 연료 로켓인 '거드-10호'를 발사한 것이었다. 이후 코롤료프는 소련군의 로켓 연구소로 자리를 옮겨 로켓 추진 항공기를 연구하기 시작한다. 그러나 그 무렵 확고한 권력을 원했던 스탈린이 대숙청을 시작했고, 코롤료프도 동료에게 허위로 고발되어 체포되고 만다. 재판 결과는 강제노동 10년형이었다.

2차 세계대전이 끝났을 때 코롤료프는 러시아 카잔의 강제 노동 수용소에 6년째 수감되어 있었다. 그러나 V-2 공장의 재건을 원하던 소련 당국이 코롤료프 같은 인재를 그대로 썩힐 리가 없었다. 그는 곧 석방되어 소련의 로켓 개발을 주도하기 시작한다.

거드 10호.

스푸트니크 1호.

코롤료프는 차세대 RD-107 엔진을 개발하면서 여러 개의 연소실을 다발로 묶고, 추진제 공급용 대형 펌프를 부착하는 방식을 고안해 냈는데, 이것은 로켓의 추진력을 몇 배나 높일 수 있는 획기적인 아이디어였다.

1957년 10월, 소련이 최초로 인공위성 스푸트니크를 발사하자 미국은 발칵 뒤집혔다. 이른바 '스푸트니크 쇼크'였다. 인공위성 대신 핵탄두를 장착한 로켓이 언제 미국인의 머리 위에 떨어질런지 알 수 없는 일이었기 때문이다. 당시 폰 브라운은 미국의 과학자들 사이에서 따돌림과 비아냥을 받고 있었다. 전쟁 중에 나치의 친위대에서 근무했던 경력 때문이었다. 그러나 소련에게 선수를 빼앗긴 미국은 이것저것 따질 상황이 아니었다. 미국의 국방부는 폰 브라운을 로켓 개발의 책임자로 임명하고 전폭적인 지원을 아끼지 않았다. 힘을 얻은 폰 브라운은 본격적으로 로켓 개발에 몰두한다. 그가 만든 새 로켓의 이름은 '주피터-C'였다.

1958년 1월 31일, 마침내 미국도 자체 제작한 인공위성을 궤도에 올리는 데 성공했다. 인공위성의 이름은 익스플로러 1호였고, 무게는 13킬로그램이었다. 세트 스코어는 일 대 일이 된 셈이었다.

그러나 소련은 미국의 첫 인공위성을 비웃기라도 하듯 스푸트니크 2호와 3호를 연

달아 발사한다. 스푸트니크 3호의 탑재량은 무려 968킬로그램이었다. 로켓의 탑재량이 이 정도라면 이론상 사람을 우주에 보낼 수 있다는 얘기가 된다.

실제로 스푸트니크 2호가 우주까지 실어 나른 것은 '라이카' 라는 이름의 개였다. 소련이 궁극적으로 무엇을 우주에 올리고 싶어했는지 잘 보여 주는 대목이었다.

1961년 4월 12일 오전 9시 7분. 소련의 보스토크 1호가 천천히 우주를 향해 솟아올랐다. 폭발하는 액체 연료 때문에 로켓은 불길에 휩싸였지만 로켓 꼭대기에 붙어 있는 직경 2.3미터의 작은 비행체 안에는 고온의 불길로도 태울 수 없는 어떤 사람의 의지가 들어 있었다. 그 사람의 이름은 유리 가가린이었고 약 10분 뒤에 그는 32킬로미터의 고도에서 지구를 내려다 볼 수 있었다. 인간으로서는 처음이었다.

"지구는 다양한 색깔의 물감을 마구 풀어놓은 팔레트와 같다."

그는 지구를 본 느낌을 이렇게 전하면서 시속 2만 9천 킬로미터로 지구를 돌았다. 그리고 1시간 48분 뒤에 낙하산을 타고 볼가 강이 흐르는 우츠모리예의 한 농가 근처에 무사히 착륙했다.

이 사건은 세계의 모든 사람들을 경악하게 만들었다. 특히 또 한 번 소련에게 선수를 빼앗긴 미국인들의 충격은 컸다.

44세의 젊은 나이로 미국 대통령의 자리에 오른 케네디도 마찬가지였다. 케네디는 소련에게 빼앗긴 우주의 주도권을 되찾아 오려면 소련보다 훨씬 과감한 계획을 세워야 한다고 생각했다. 그래서 그는 한 달 뒤, 국민에게 '국가의 급무와 현상에 관한 특별 교서' 라는 것을 발표한다. 내용인즉 1960년대가 끝날 때까지 인간을 달에 착륙시켰다가 무사히 지구로 귀환시키겠다는 것이었다. 이른바 '아폴로 계획' 이었다.

유리 가가린의 모습.

대통령의 명령에 따라 그동안 진행되어 왔던 레인저, 서베이어, 루나오비터 등 달 관측 계획들이 아폴로 계획에 편입되었다. 우주 유영, 랑데부, 도킹 등의 다양한 아이디어도 도입되었다. 아폴로 계획 전체에는 무려 250억 달러라는 거대한 비용이 투입되었다. 이것은 소련과 달 정복 전쟁을 해보겠다는 미국의 선전포고이기도 했다.

1969년 7월 21일, 암스트롱, 올드린 2세, 콜린스 등 세 명의 우주인이 마침내 달에 도착했다. 지구를 떠난 지 5일째 되는 날이었다. 암스트롱과 올드린이 착륙한 곳은 '고요의 바다' 라고 이름 붙여진 곳이었다. 콜린스는 사령선을 타고 달을 주회하면서 대기

궤도 상에서 달 표면의 사진을 찍고 있었다.

착륙선의 사다리를 벗어난 암스트롱이 앞으로 한 걸음을 내딛자 달 표면에 선명한 발자국이 찍혔다. 달이 태어난 뒤로 45억 년만의 일이었다. 이로써 인간은 역사상 처음으로 지구 아닌 다른 천체에 족적을 남기게 되었다. 1969년 7월 21일 오전 11시 56분 20초, 우주 개척의 원년이었다.

케네디의 장담은 현실이 되었지만 러시아의 천재 코롤료프는 그 광경을 지켜보지 못했다. 이미 3년 전에 세상을 떠났기 때문이다. 만약 코롤료프가 살아 있었다면 소련이 먼저 달에 사람을 보냈을지 알 수 없는 일이었다.

달 표면에 착륙한 미국 우주인.

마침내 흑해에 몸을 담근다.

세 사람은 이제 잘 엮인 하나의 뗏목이 된다.

누워서 바라보는 하늘은 여전히 청명하기만 하다.

하늘빛이 저렇게 아름다웠던가.

노래라도 부르고 싶은 심정이다.

2007년 3월, 우주는 몸짓이다

훈련 訓練

유리 가가린 앞에 선 한국인

유리 가가린Yurii Alekseevich Gagarin은 1934년 3월 9일 생이다. 그는 모스크바 서쪽의 시골에서 목수의 아들로 태어났다. 가가린의 어린 시절은 혼란스러웠다. 독일이 러시아를 침공했기 때문이었다. 나라 전체가 뒤숭숭한 상태에서 그는 학교를 다녔다. 고등학교 시절에 그는 기술자가 되기로 결심했고, 기술 전문학교에 진학했다. 1951년에는 금속기술자가 되어 대학에 들어갔는데, 그곳에서 비행기에 관심을 가지면서 비행 학교로 교적을 옮긴다. 비행 학교에서의 유리 가가린은 천부적인 파일럿이었다. 그는 1955년에 대학을 졸업하자마자 소련 공군에 입대했는데, 공군은 그에게 시험 조종사test pilot의 임무를 부여했다. 새로 개발된 비행기들을 시운전하는 역할이었다.

그 무렵 소련은 최초의 유인 우주 비행을 계획하고 있었다. 그것이 가가린의 모험심을 자극했다. 그는 곧장 우주 비행사에 지원을 했고, 어렵잖게 발탁되었다. 가가린은 소련이 선택한 여섯 명의 우주 비행사 중 하나였다. 극비로 진행되던 우주 계획의 담당자들은 이 특별한 지원자들을 여러 가지 측면에서 테스트해 보기로 했다.

강도 높은 훈련이 날마다 계속되었다. 가가린은 최고 점수를 기록했다. 그는 무려 13G의 중력을 견뎌 냈고, 소리도 없고 빛도 없는 곳에서 24시간 이상을 발작 없이 버티기도 했다. 초인적인 인내력이었다.

27세가 되던 해인 1961년, 그는 마침내 인류 최초의 우주 비행사가 된다. 바이코누르에서 발사된 보스토크 1호를 타고 89분 34초간의 궤도 비행을 성공시킨 것이다.

당시 가가린은 우주선을 직접 조종하지 못했다고 한다. 왜냐하면 인간이 무중력 상태에 놓이는 건 처음이었기 때문에 중력도 없고 절대적으로 고독한 상태에서 인간의 정신과 육체가 어떤 반응을 보일 것인지 알 수 없었기 때문이었다. 우주 비행사가 발작이라도 하면 심각한 문제가 생길 것이다. 그것이 소련의 우주 과학자들이 우주 비행사에게 독자적인 조종을 맡기지 못한 이유였다.

가가린은 7킬로미터 상공에서 캡슐을 통해 탈출하여 무사히 지구에 도착했다. 영웅의 귀환이었다. 가가린은 소련 당국으로부터 영웅 훈장을 받았고, 세계에서 가장 유명한 사람이 됐다. 그러나 그로부터 7년 뒤인 1968년 3월 27일, 가가린은 미그 15기를 시운전하던 중 예상치 못했던 사고로 삶을 마감한다. 당시의 나이는 불과 34세였다. 불꽃같은 인생이 아닐 수 없었다.

바로 그 사람이 소연과 고산의 눈앞에 우뚝 서 있다. 비록 살아 숨 쉬는 육신이 아니라 동상이긴 했지만 그 사람의 불꽃같은 삶을 돌이켜 보는 데엔 모자람이 없었다.

원래 유리 가가린의 묘소는 붉은 광장에 있다고 한다. 러시아의 문호인 고골리와 체호프, 옛 공산당 서기장 흐루시초프 같은 이들과 함께 가가린은 잠들어 있다.

그가 우주에 다녀온 기념으로 성 바실리 사원에 심어 놓은 묘목은 이미 잎이 무성한 나무로 자라났다고 한다. 인류의 우주 과학도 그만큼은 자라났을 것이다.

　가가린 동상 아래엔 꽃이 떨어질 날이 없다. 전통에 따라 우주
비행사들이 우주에 가기 직전에 가져다 놓은 꽃도 있었지만, 장바
구니를 든 아주머니나 몸이 불편한 노인, 걸음마를 갓 시작한 꼬마
아이가 가져온 것도 있었다. 영웅은 특별한 사람들의 소유물이 아
니라 모든 사람의 것이었다.

　그 꽃 더미에 소연과 고산이 또 하나를 보탠다. 가가린 우주센터
의 입소식이 있던 날이었다.

　아무도 가보지 못한 곳에 혼자 올라가면서 그는 무슨 생각을 했
을까. 소연은 홀로 우주에 나갔던 가가린의 마음을 헤아려 보았다.
그 비행은 분명 명예로운 것이었지만 두려움과 고독은 피해 가지
못했을 터였다. 더욱이 그 비행은 동료들의 희생을 딛고 이루어진
것이 아니었던가.

　1984년, 미국으로 이민을 간 러시아 의사가 책을 한 권 펴냈다.
블라디미르 골랴코프스키라는 이름의 외과 의사였다. 그는 이 책
에서 화상으로 죽은 젊은 우주인의 이야기를 썼다. 러시아의 보트

킨 병원에서 근무하던 시절의 얘기였다.

어느 날 의사는 카르포프라는 군의관의 전화를 받는다. 심한 화상을 입은 환자를 데리고 오는 중이라고 했다. 잠시 후 군의 구급차가 도착하고 그 뒤를 고위 장교들을 태운 관용 차량이 뒤따랐다. 환자는 즉시 응급실로 옮겨졌다.

환자는 몸 전체에 화상을 입은 상태였다. 피부도 머리칼도 두 눈도 남아 있지 않았다. 그러나 아직 살아 있었다. 의사들은 혈관을 찾지 못해 허둥대다가 발뒷꿈치에 주사를 놓았다. 모르핀과 기타 약물이었다. 그러나 그때까지 살아 있다는 사실이 기적이었다. 환자는 몇 시간을 더 버티다가 결국 숨을 거두었다.

의사는 끝까지 환자의 이름을 알 수 없었다. 그뿐만 아니라 응급실 전화기 옆에서 상급 장교들에게 상황을 보고하는 젊은 장교가 누군지도 알 수 없었다. 잠깐 동안이지만 두 사람은 끔찍한 사고에 대해 이야기를 나누었다.

환자는 죽고 의사는 젊은 장교와 작별 인사를 했다. 그리고 3주 뒤에 의사는 신문에서 그 장교의 이름을 보았다. 그는 인류 최초의 우주 비행사 유리 가가린이었다. 동료가 죽은 직후였지만 우주 비행은 미뤄지지 않았던 것이다.

훗날 밝혀진 이야기지만 죽은 환자의 이름은 본다렌코. 소련 우주 부대의 최연소 대원으로 가가린의 동료 중 하나였다. 그날 본다렌코는 매우 높은 농도의 산소가 채워진 여압실 안에서 열흘째 근무 중이었다. 몇 가지 의학 실험을 끝낸 후 그는 몸에 부착된 센서들을 떼어 내고 알코올에 적신 솜으로 팔을 문질렀다. 그런데 그가 던진 솜이 전기 히터에 떨어졌다. 산소가 농축된 상태라 순식간에 불이 붙었다. 본다렌코의 모직 옷도 금방 불꽃에 휩싸였다. 혼자 불을 꺼보려고 애를 쓰다가 비상벨이 울렸다. 당직 의사가 달려왔지만 손쓸 방법이 없었다. 안팎의 기압차 때문이었다.

이 사고는 소련 당국에 의해 철저하게 비밀에 붙여졌다. 성공은 떠들썩하게 발표하고 실패는 철저히 감추는 소련 당국의 태도 때문에 우주 개발 과정에서 희생된 사람들의 이름은 대부분 남아 있지 않다. 어떤 일이 있었을 거라는 짐작만 가능할 뿐이다. 그래서 그들은 '유령 우주 비행사'라는 이름으로 불리고 있다.

1960년 11월 28일, 이탈리아의 젊은 형제가 아마추어 무선에 몰두하다가 이상한 신호를 포착한다. 이 형제의 안테나는 소련의 인공위성이 지나가는 길목에 있어서 비교적 쉽게 우주 교신을 엿들을 수 있었다. 이들은 러시아어와 영어 코드로 송신된 '전 세계에 SOS'라는 신호를 세 번이나 포착했다. 이어 1961년 2월에는 죽어 가는 우주 비행사의 것으로 여겨지는, 고르지 못한 심장 박동과 거친 호흡 소리를 들을 수 있었다.

1961년 5월 17일에는 두 명의 남자와 한 명의 여자가 '상황이 악화되고 있다. 왜 대답이 없지. 세상은 우리를 모를 것이다'라는 대화를 수신하기도 했다. 러시아어였다. 이외에도 여러 언론 기관과 개인에 의해 1957년 11월부터 가가린의 비행 이전까지 제기된 유령 우주 비행사의 숫자는 열 명을 웃도는 것이었다.

"입소식 준비가 끝났습니다. 들어가시죠."

러시아 교관의 무뚝뚝한 음성이 소연을 상념에서 일깨웠다. 초기 우주 비행사들의 외로움과 고통에 견주면, 소연과 고산의 처지는 참으로 행복한 것이었다. 소연은 마지막으로 남은 한 다발의 꽃을 내려놓았다. 그것은 이름 없는 영웅들을 위해 바치는 꽃이었다.

'당신들의 숭고한 희생 때문에 여기까지 올 수 있었어요. 잊지 않을게요. 그리고 열심히 할게요.'

소연의 속마음을 헤아리기라도 한 듯 고산이 싱긋 웃었다.

세계 최초 여성 우주인, 테레시코바

소연과 고산의 입소식이 열렸던 3월 6일은 러시아인들에게는 또 다른 의미가 있는 날이었다. 그날은 인류 최초의 여자 우주 비행사로 알려진 발렌티나 테레시코바Valentina Tereshkova의 일흔 번째 생일이었던 것이다.

발렌티나 테레시코바는 원래 직물 공장 노동자 출신이었지만 아마추어 낙하산 동호회에서 스카이다이빙을 즐길 만큼 모험심이 강한 여자였다.

우주 개발의 모든 분야에서 최초의 기록을 남기기를 원했던 1960년대의 소련은 최초의 여성 우주 비행사 후보를 물색하고 있었는데, 여성 전투기 조종사가 드물었던 당시의 상황 때문에 우수한 낙하산 전문가들을 후보에 포함시켜야 했다. 테레시코바가 소련 당국의 눈에 띈 건 당연한 일이었다.

테레시코바는 세 명의 낙하산 전문가와 한 명의 조종사 출신 여성과 함께 1962년부터 우주 비행사가 되기 위한 훈련을 받기 시작했다. 무려 15개월이 넘는 가혹한 훈련이었다. 훈련에는 남녀 구분이 없었고, 모든 과정은 철저히 비밀에 붙여졌다.

그리고 1963년, 공산당 서기장 흐루시초프는 다섯 명의 후보 중에서 테레시코바를 보스토크 우주선의 마지막 승무원으로 낙점했다. 테레시코바는 그해 6월 16일, 보스토크 6호를 타고 하늘로 올라가서 지구를 48바퀴나 돌았는데, 이것이 여자가 우주로 나아간 첫 번째 기록이 되었다.

우주에서 눈을 크게 뜨고 지구를 바라보던 테레시코바는 이렇게 부르짖었다고 한다.

"야 차이카."★

러시아 말로 '나는 갈매기다' 라는 뜻.

우주를 날아가는 갈매기의 목소리는 서방세계를 큰 충격에 빠뜨렸다. 스푸트니크 쇼크에 비견될 만한 사건이었다. 그녀가 당시에 세운 비행시간 기록은 미국의 남성 우주 비행사 모두의 기록을 합친 것보다 더 긴 것이었다.

소연은 이 대단한 우주 비행사가 자신의 생일을 기념하는 자리에 참석하는 모습을 멀리서 지켜보았다. 그녀는 일흔 살이라고는 믿어지지 않을 만큼 건강한 모습이었고, 또 행동거지 하나하나가 기품이 있어 보였다.

그녀는 군악대가 음악을 연주하는 가운데 가가린 동상에 헌화를

우주인의 날 기념 행사에서 테레시코바와 이소연.

우주에서, 이소연입니다

했고, 수많은 인파에 둘러싸인 채 우주인 기념관으로 발길을 옮기고 있었다. 그녀와의 거리는 비록 몇백 미터에 불과했지만 소연에게는 몇 광년이나 되는 것처럼 느껴졌다.

그녀는 세상에 이미 큰 이름을 떨친 베테랑 우주 비행사다. 달 뒷면에는 그녀의 이름을 딴 분화구도 있다지 않은가.

소연은 이제야 가가린 우주센터에 입소한 새내기 후보였다. 두 사람의 사이에는 40년이라는 세월의 강물이 흐르고 있었다. 그것도 보통 강물이 아니라 숱한 우주 비행사들의 피와 땀이 흐르는 강물이었다.

'저 사람의 이름 뒤에 내 이름이 덧붙여질 날이 과연 올까.'

소연은 스스로 이런 생각을 해보았다. 소름이 살짝 돋는 느낌이었다.

'가장 먼저 해야 할 일은 첫 번째 허들을 뛰어넘는 거겠지.'

우주인을 만드는 사람들

 본격적인 우주인 훈련 프로그램이 시작되었다. 소연은 훈련 스케줄이 굉장히 빡빡할 거라고 생각했는데, 처음의 몇 주는 러시아어 학습과 가벼운 웨이트 트레이닝이 훈련의 전부였다.

 처음부터 잔뜩 긴장했던 소연으로선 맥이 풀릴 정도로 한가한 일정이었으나 실은 어학 공부야말로 가장 중요한 훈련 중 하나임을 소연은 곧 깨달을 수 있었다.

 소유스 우주선에서 소통되는 언어는 오직 러시아어뿐이다. 우주 정거장에서는 영어와 러시아어, 이렇게 두 개의 언어만 사용할 수 있다. 작은 실수도 용납이 안 되는 우주에서 의사소통에 문제가 있다면 기계가 고장 나는 것 이상으로 심각한 결과를 가져오게 될 것이었다.

 "안녕하세요. 내 이름은 이고르 블라디미로비치 베르쿨로프입니다."

 소연과 고산의 러시아어 선생님은 백발의 노인이었다. 귀에는 보청기를 꽂고 있었으며 강의를 할 때는 두툼한 안경을 썼다. 시트콤이나 만화에서 많이 본 듯한, 자상한 옆집 할아버지 같은 모습이었다.

"미래에 여러분이 한국에서 만든 로켓을 타게 된다면 한국어로 대화를 해도 무방할 것입니다. 그러나 러시아의 로켓을 타고 올라가서 러시아의 우주정거장에서 생활하려면 반드시 러시아어 실력을 원어민 수준으로 올려놓아야 합니다."

선생님의 나이 75세. 하루 종일 강의를 하기에는 나이가 지나치게 많다는 생각이 들었으나 강의가 거듭되면서 소연은 그것이 공연한 걱정이었음을 깨닫게 되었다.

이고르는 한약을 달일 때 쓰는 약탕기 같은 사람이었다. 여러 가지 약을 오래 달이다 보면 빈 약탕기라 해도 약의 정화精華는 남게 되는 법이다. 또한 약탕기에 필요한 것은 불같은 뜨거움이 아니라 오래 유지되는 은은한 열기다. 사람으로 치면 이고르가 그랬다.

까마득한 옛날부터 외국 우주인들에게 러시아어를 가르쳤던 이고르는 사람 자체가 우주센터의 역사라 할 만했다. 스타시티에는 가가린 우주센터를 거쳐간 우주인들의 사진과 이름이 커다란 포스터로 남아 있는데, 이고르는 포스터에 담긴 모든 우주인들의 특징과 버릇, 그리고 심성들을 낱낱이 꿰고 있었다.

"이 친구는 독일 우주인인데 소문난 독서광이었지. 물론 우주정거장에도 몇 권의 책을 가지고 갔어요. 흔히 볼 수 있는 소설이었는데 알게 모르게 엄청난 비용을 치른 셈이지."

우주선으로 1킬로그램의 물체를 쏘아 올릴 때 드는 비용은 약 2,500만 원이다. 귀환 시에는 5천만 원의 비용이 추가로 더 든다. 그 책값이 원래 얼마였는지는 모르지만 우주정거장에서는 세계에서 가장 비싼 책 중 하나가 되었을 것이다.

"클로디 에네레Claudie Haignere★는 소연도 잘 알지요? 이 아가씨는 항상 조용하고 겸손한 성격이었지만 한번 결정한 일은 꼭 이루고야 마는 불굴의 의지가 있었지. 그래서 이 아가씨가 프랑스의 과

★ 프랑스 최초의 여성 우주 비행사.

이고르 선생에게
러시아어 교육을 받고 있는
이소연과 고산.

학부 장관이 되었다는 소식을 들었을 때에도 난 별로 놀라지 않았
답니다."

여러 우주인들에 관한 얘기를 듣던 소연은 이런 생각을 떠올렸다.

나는 이 할아버지에게 어떤 기억으로 남게 될까.

"이소연? 비록 많이 뒤처진 나라의 우주인 후보였지만 인내심과
열정만큼은 유리 가가린에 뒤지지 않았지. 한때나마 내가 그녀를
가르쳤다는 사실이 매우 자랑스럽다오."

할아버지는 아마도 이런 말을 하게 되지 않을까.

월요일, 수요일, 금요일은 어학 공부와는 별도로 두 시간의 기초
체력 훈련이 있는 날이었다. 그중 한 시간은 웨이트 트레이닝을 받
았고 나머지 한 시간은 수영으로 체력을 다졌다. 겉보기에는 보통
사람과 별 다를 바 없는 훈련이었지만 실은 급하지 않게 천천히 체
력을 올려가는 중이었다. 체력이 최고조에 오르는 시점은 우주선
에 탑승할 때가 될 것이었다.

그래서인지 두 사람은 수시로 체력 테스트를 받아야 했다. 그리
고 그 결과는 개인의 체질에 맞는 체력 향상 프로그램을 만드는 데

반영되었다. 체력 테스트에서 고산은 자신의 진가를 마음껏 발휘하고 있었다. 대부분의 항목에서 만점을 받은 것이다.

"한국산 에너자이저군."

어학 선생님과 같은 이름인 담당 트레이너 이고르가 고개를 절레절레 흔들며 하는 말이었다.

소연도 열심이었지만 체력 테스트에서는 고산을 따라갈 수가 없었다. 하마터면 소연은 여자로 태어난 것을 후회할 뻔했다.

"소연. 초조해하지 마. 우린 널 운동선수로 만들고자 하는 게 아니야."

소연의 마음을 눈치 챘는지 이고르 코치가 싱긋 웃으면서 하는 말이었다. 그러나 소연의 입장에서 보면 속 편한 소리에 다름 아니었다. 고산은 훌륭한 동료이기도 하지만 선의의 경쟁자이기도 하다. 두 사람 중 하나는 소유스 우주선을 타고 우주로 날아가게 되지만 나머지 한 사람은 똑같은 훈련을 받고도 지구에 남아 있어야 한다. 이런 상황에서 우주선의 자리를 선뜻 양보할 수 있는 사람이 있을까. 언제부턴가 고산은 소연이 기필코 넘어야 할 '높은 산〔高山〕'이 돼 버린 것이다.

여름이 끝나는 9월에는 두 사람의 운명이 공식적으로 결정될 예정이었다. 하나는 탑승 우주인으로. 하나는 예비 우주인으로. 훈련 센터의 성적은 두 사람의 운명을 가름하는 데 가장 큰 영향을 미칠 것이었다.

물론 임무가 결정된 뒤에도 돌발적인 상황 때문에 탑승 우주인과 예비 우주인의 운명이 뒤바뀌는 경우도 있었다. 1971년에 발사된 소유스 11호가 그랬다. 당시의 탑승 우주인은 발레리 쿠바소프라는 사람이었는데, 발사 직전의 의학 검사에서 폐결핵이라는 진단이 나오면서 탑승 팀 전원이 예비 팀으로 전격 교체되고 말았다.

9. ШОНИН КУБАСОВ
ГЕОРГИЙ ВАЛЕРИЙ
СТЕПАНОВИЧ НИКОЛАЕВИЧ

"АНТЕЙ"

СОЮЗ-6

СОЮЗ

26-28
АВГУСТА
1974 г.

МАНЕВРИРОВАНИЕ И
СБЛИЖЕНИЕ СО СТАН-
ЦИЕЙ "САЛЮТ-3"
ПЕРВАЯ ПОСАДКА
НА ЗЕМЛЮ В
НОЧНЫХ УСЛОВИЯХ
2 суток 12 мин

ФИЛИПЧЕНКО РУКАВИШНИ
АНАТОЛИЙ НИКОЛАЙ
ВАСИЛЬЕВИЧ НИКОЛАЕВИЧ

"БУРАН"

СОЮЗ-16

3-19 ИЮЛЯ
1974 г.

ПИЛОТИРУЕМАЯ
ОРБИТАЛЬНАЯ СТАНЦИЯ
"САЛЮТ-3"

ПРОВЕДЕНЫ НАУЧНО
ТЕХНИЧЕСКИЕ ЭКСПЕРИМЕН

АРТЮХИН
ЮРИЙ
ПЕТРОВИЧ

КУТ

3-14 · САЛЮТ-3

САРАФАНОВ ДЕМИН
ГЕННАДИЙ ЛЕВ
ВАСИЛЬЕВИЧ СТЕПАНОВИЧ

"ДУНАЙ"

СОЮЗ-15 · САЛЮТ-3

10

7-25 ФЕВРАЛЯ
1977 г.

ПИЛОТИРУЕМАЯ
ОРБИТАЛЬНАЯ СТАНЦИЯ
"САЛЮТ-5" (2 ЭКСП)

ПРОВЕДЕНЫ НАУЧНО-ТЕХ
НИЧЕСКИЕ
ЭКСПЕРИМЕНТЫ

ГЛАЗКОВ

17 суток 19 час 27 мин

4 · САЛЮТ-5

КОВАЛЕНОК РЮМИН
ВЛАДИМИР ВАЛЕРИЙ
ВАСИЛЬЕВИЧ ВИКТОРОВИЧ

"ФОТОН"

СОЮЗ-25 · САЛЮТ-6

9-11
ОКТЯБРЯ
1977 г.

СОВМЕСТНЫЙ ПОЛЕТ КОРАБ
ЛЯ СО СТАНЦИЕЙ "САЛЮТ-6"
СТЫКОВКА СО СТАНЦИЕЙ
БЫЛА ОТМЕНЕНА ИЗ-ЗА
ОТКЛОНЕНИЯ ОТ ПРЕДУСМОТ
РЕННОГО РЕЖИМА ПРИЧА
ЛИВАНИЯ
2 суток 46 мин

РОМАНЕНКО ГРЕЧКО
ЮРИЙ ГЕОРГИЙ
ВИКТОРОВИЧ МИХАЙЛОВИЧ

"ТАЙМЫР" 130

СОЮЗ-26 · СА

10-12 АПРЕЛЯ 1979 г.

ЧЕТВЕРТЫЙ
МЕЖДУНАРОДНЫЙ
ЭКИПАЖ

1 сутки 23 час 57 мин

ИВАНОВ
ГЕОРГИЙ
ИВАНОВ НРБ

3 · САЛЮТ-6 · СОЮЗ-32

ПОПОВ РЮМИН
ЛЕОНИД ВАЛЕРИЙ
ИВАНОВИЧ ВИКТОРОВИЧ

"ДНЕПР" 430

СОЮЗ-35 · САЛЮТ-6

9 АПРЕЛЯ-
11 ОКТЯБРЯ
1980 г.

ДЛИТЕЛЬНЫЙ ПОЛЕТ НАУЧ-
НО-ИССЛЕДОВАТЕЛЬСКОГО КОМ
ПЛЕКСА · ПРОВЕДЕНЫ НАУЧ-
НО-ТЕХНИЧЕСКИЕ И МЕДИКО-
БИОЛОГИЧЕСКИЕ ЭКСПЕРИМЕНТЫ
· СПУСК НА КОРАБЛЕ "СОЮЗ-37"
184 суток 20 час 12 мин

22-30
МАРТА
1981 г.

7 сут 20 час 43 мин

ДЭРДЭМИДИЙН
УГЛА

ВОСЬМОЙ
МЕЖДУНАРОДНЫЙ
ЭКИПАЖ

· САЛЮТ-6

ПОПОВ ПРУНАРИУ
ЛЕОНИД ДУМИТРУ
ИВАНОВИЧ
СССР "ДНЕПР" СРР

СОЮЗ-40 · САЛЮТ-6

14-22 МАЯ
1981 г.

ДЕВЯТЫЙ
МЕЖДУНАРОДНЫЙ
ЭКИПАЖ

7 суток 20 час 42 мин

나사NASA에도 비슷한 경우가 있다. 2003년 6월, 우주 왕복선의 발사를 눈앞에 둔 시점에서 탑승 우주인이었던 도널드 토마스, 구스 로리아가 예비 우주인으로 갑자기 교체된 것이다.

당시 나사NASA는 토마스 쪽은 건강이 좋지 않았고, 로리아는 집에서 휴식 중에 얻은 경미한 상처 때문에 교체할 수밖에 없었다고 발표하기도 했다. 내용이 석연치는 않지만 두 사람 다 건강관리에 문제가 있었다는 것이었다.

그러나 이런 경우는 확률이 단 1퍼센트도 안 되는, 대단히 드문 일에 속했다. 대체 우주인 후보가 어떤 사람들인가. 엄청난 경쟁을 뚫고 선발된 것도 모자라서 훈련 센터로부터 오랜 기간 철저하게 체력 관리를 받은 사람들이다. 돌발적인 상황은 거의 발생하지 않는다고 봐야 옳았다.

여러 가지를 감안해 볼 때, 가장 중요한 것은 9월까지 치러지는 여러 가지 테스트였다. 9월 이후에도 훈련은 계속되지만 그때부터는 탑승 팀과 예비 팀이 따로따로 훈련을 받게 될 것이었다.

'난 지고 싶지 않단 말예요.'

소연은 이런 말을 하고 싶었지만 차마 입 밖으로 내놓지는 못했다.

03-4
별의 도시에서 한국식 만찬을!

4월이 됐다. 두 사람은 6주간의 어학 수업을 마치고 본격적인 교육 훈련에 들어갔다. 첫 번째 교육은 두 사람 중 하나가 타게 될 소유스 우주선의 구조를 익히는 것이었다. 아직은 러시아어가 자유롭지 못한 두 사람을 위해 통역장교 한 명이 배당되었다.

소유스 우주선은 궤도모듈Orbital Module, 귀환모듈Descent Module, 추진모듈Instrumentation/Propulsion Module, 이렇게 세 부분으로 나뉜다.

궤도모듈은 다른 우주선이나 우주정거장과 도킹할 때 사용하는 도킹 장치와 각종 실험 기구들이 장치된 구형의 방이었다.

귀환모듈은 지구로 돌아올 때 우주인이 탑승하게 되는, 말하자면 착륙선이었다. 안에는 우주인 세 명이 앉게 되는 캡슐처럼 생긴 의자가 배치되어 있었고 나머지 공간에는 아주 복잡한 계기판과 기기들이 빽빽하게 설치되어 있었다.

마지막으로 추진모듈은 우주인이 직접 조종하는 곳이 아니라 우주정거장으로부터 지구로 귀환할 때, 궤도의 이동을 위해 가동되는 추진기와 나머지 모듈들을 지원하는 기기들이 들어 있는 곳이었다.

교육은 실제와 거의 똑같은 크기의 모형 안에서 진행되었는데,

소유스 우주선 계기판
교육 장면.

눈으로 구조를 익힌 뒤에는 교실로 이동해서 전체적인 단면도와
각 시설의 확대도를 통해 기본적인 원리와 기능들을 배워야 했다.

　수업은 생각보다 빡빡했다. 마치 고교 시절로 돌아온 느낌이었
다. 수업 전에는 예습을 해야 했고 끝나면 복습이 필요했다. 심지어
는 숙제까지 있었다. 고교 시절과 다른 점이 있다면 수업 도중에 땡
땡이를 치지도 못하고 도시락을 몰래 먹을 수도 없다는 점이었다.

　하나의 과정이 끝나면 그때마다 시험이 치러졌다. 9월의 평가에
직접 반영되는 시험일 터였다. 소연은 시험을 볼 때마다 긴장의 끈
을 놓지 못했다.

　시간이 물처럼 흘렀다. 소연과 고산은 예정된 프로그램에 따라 즈
베즈다 모듈★의 구조와 이용법을 배웠고, '라스비예트'★라는 이름의
소유스 통신 시스템을 손에 익숙해질 때까지 다뤄 보기도 했다. 그러

★ 우주정거장의 러시아 모듈. /
러시아말로 '새벽'이라는 뜻.

우주에서, 이소연입니다

즈베즈다 모듈의 구조와
이용법을 배우고 있는
우주인 후보들.

나 교육이 끝났다고 해서 모든 일과가 끝나는 것은 아니었다. 남는
시간을 효과적으로 사용하는 것도 교육 못지않게 중요했다.

소연과 고산은 남는 시간에 독서를 하거나 각종 시설들을 견학
하는가 하면 센터의 다른 부서 사람들과 대화를 나누기도 했다. 특
히 고산의 학구열은 놀라운 것이었다. 고산은 주어진 교재들을 섭
렵하는 것에 만족하지 않고, 관련된 다른 자료들을 구하기 위해 애
를 썼다. '나는 아직도 배가 고프다'라는 유행어는 유명한 축구 감
독이 아니라 고산에게 어울리는 말인 듯했다.

그는 끊임없이 읽었고, 끊임없이 물었다. 가가린 우주센터에서
의 1분, 1초를 아까워하는 모습이었다.

'저런 태도가 우주인의 기본적인 소양이 되는 거겠지.'

소연은 고산의 그런 자세에 감탄하면서도 나 자신 또한 결코 뒤

지지 않으리라 다짐하고 있었다.

'별의 도시'의 가장 큰 매력은 다른 나라에서 온 우주인과 기술자들을 만날 수 있다는 점이다. 훈련 센터에 입소할 때만 해도 소연은 그들을 다른 세상에서 살고 있는 사람들처럼 생각했는데, 시간이 흐르면서 그것이 잘못된 생각이었음을 깨닫게 되었다. 임무와 직책을 벗겨 놓고 보면 그들은 주위에서 흔히 볼 수 있는 다정한 이웃이요, 선후배였다. 특히 나사NASA의 우주인들은 러시아에 파견되면 2~3주 머무는 것이 보통인데, 그동안 소연과 고산을 저녁 식사에 곧잘 초대하곤 했다.

"소욘, 산. 오늘은 슈퍼마켓에서 맛있는 소시지와 양배추를 구했어. 저녁에 우리 숙소로 와요. 특제 요리를 만들어 줄 테니까."

나사NASA의 우주인이 장바구니를 들고 배추 덩어리를 뒤적거리는 모습을 상상하니 소연은 킥, 하고 웃음이 나왔다.

식사를 하면서 대화를 나누는 우주인들의 모습은 보통 사람들과 다를 바가 없었다. 우주 과학이나 훈련에 대해 토론을 벌일 때도 있었지만 자녀들의 교육, 은퇴 후의 생활 같은 것이 대화의 주제가 되는 경우도 있었다. 그럴 때 보면 그들은 영락없는 생활인이었다.

그런데 초대가 빈번해지다 보니 소연은 슬슬 부담이 되기 시작했다. 원래 받은 만큼, 아니 그 이상을 주고 싶은 것이 한국인의 심성이다. 매번 신세를 질 수는 없는 노릇이었다.

소연도 그들을 초대해서 맛있는 음식을 대접하고 싶었지만 소연의 숙소는 사람들을 초대하기에 어려움이 있었다. 혼자 지내는 데는 더할 나위 없이 좋은 곳이지만 많은 사람들이 어울릴 공간은 존재하지 않았던 것이다. 그래서 소연은 답답했다.

"왜 그래. 무슨 걱정이라도 있어?"

나사NASA의 우주인 한 명이 소연에게 물었다. 마이클 배럿Michael

우주에서, 이소연입니다

Barratt이라는 사람이었다.

"저도 여러분들을 초대하고 싶은데 장소가 마땅치 않네요."

"난 또 뭐라고. 사람이 사람을 만나는데 장소가 중요한가."

"그래도 땅바닥에 주저앉아서 식사를 할 수는 없잖아요."

잠시 뭔가를 생각하던 마이클이 대안을 내놓았다.

"우리 숙소에 비어 있는 공간이 하나 있는데 그걸 이용하면 어때? 비록 우리들의 거처이긴 하지만 소연이 임시로 주인이 되는 거야."

"정말 그래도 돼요?"

소연이 뛸 듯이 기뻐하자 마이클이 한쪽 눈을 찡긋거렸다.

"사실은 나도 스파이시한 한국 음식을 맛보고 싶었다구. 요즘은 미국에서도 김치가 유행인 거 몰라?"

처음에 소연은 그저 가깝게 지내던 나사NASA 우주인 몇 명을 위해 조촐한 저녁을 준비할 작정이었다. 그러나 어떻게 소문이 퍼졌는지 나사NASA 말고도 다른 나라의 우주인들까지 참석한다는 소식이 전해졌다. 당시 나사NASA에서 온 우주인만 해도 열 명. 그 밖의 스태프들과 다른 나라 우주인까지 합치면 20명이 훌쩍 넘는 대식구를 대접해야 하는 셈이었다.

알고 보니 원흉은 마이클이었다. 그는 모든 사람들에게 이메일로 '한국 음식을 맛볼 수 있는 절호의 기회입니다. 부디 이 기회를 놓치지 마시기 바랍니다' 라는 내용의 글을 돌렸던 것이다.

'내가 만든 한국 음식이 맛이 없으면 어떡하지.'

이쯤 되자 소연은 슬슬 걱정이 되기 시작했다. 물론 한국에서 생활할 때 엄마의 음식 솜씨와 손맛을 고스란히 물려받은 소연인지라 기본은 해낼 것이었지만 그것이 과연 외국인의 입맛에 어울릴 것인지는 알 수 없는 일이었다.

'그래. 날씨도 많이 더워졌으니까 콩국수를 만들자. 콩국수는

매운맛에 익숙하지 않은 외국인들에게도 부담이 없을 거야.'

소연은 일단 가까운 슈퍼마켓에 달려가서 콩과 오이, 그 밖의 채소들을 구입했다. 러시아의 채소들은 종류도 얼마 되지 않는데다가 대체로 물기가 적고 싱겁다. 과일도 마찬가지였다. 소연은 러시아의 사과를 먹어본 적이 있었는데, 무 조각에 사과 향을 살짝 뿌린 것처럼 밋밋한 맛이 났다. 역시 채소와 과일은 한국의 것이 최고였다.

'어쩌겠어. 한국과 똑같은 맛을 내는 건 불가능하지만 흉내는 낼 수 있겠지.'

소연은 구입한 콩을 불리기 위해 물에 넣은 뒤 한 시간 이상 떨어져 있는 모스크바의 한국인 가게로 달려갔다. 채소야 가까운 곳에서 대충 구할 수 있다지만 고추장과 참기름, 그리고 김치는 오직 그곳에서만 구할 수 있기 때문이었다. 소문난 한국의 매운맛을 원하는 우주인들을 위해 소연은 콩국수 말고도 비빔국수까지 만들어 볼 요량이었다.

서양인들이 우글대는 숙소에 모처럼 고소한 냄새가 풍기기 시작했다. 소연은 잘 불은 콩을 믹서에 갈아 콩국을 마련하고 고추장과 다진 마늘을 섞어서 매운 양념장까지 만들었다.

"날 빼놓으려고? 난 몇 킬로미터가 떨어진 곳에서도 이 냄새를 맡을 수 있지."

언제 나타났는지 김치를 우적우적 씹으며 고산이 하는 말이었다.

마침내 시간이 됐다. 먹음직스러운 콩국수가 차려진 식탁에 사람들이 하나 둘 모여들기 시작했다. 마이클, 샌디, 니콜 등 나사 NASA의 멤버들과 우주인 주치의인 세레나, 그리고 프랑스, 벨기에에서 온 우주인들, 스태프들과 함께였다.

"우유라고 생각했는데 아니군요. 이 수프의 정체가 뭡니까?"

의사인 세레나가 고개를 갸웃거리면서 물었다.

우주에서, 이소연입니다

"콩을 갈아서 만든 국물이에요. 몸에 좋은 비타민과 단백질이 많아서 한국에서는 콩국물로 더위를 이겨 내는 사람이 많죠."

"한국 사람은 우유를 잘 안 먹나 봐요."

"우유를 먹게 된 건 20세기부터였어요. 한국은 전통적인 농경 국가이니까요. 요즘은 많이 달라졌지만."

젓가락 대신 포크로 콩국수를 입에 떠 넣던 마이클이 엄지손가락을 치켜들었다.

"일품인데. 오이의 아삭아삭한 맛과 잘 어울려요."

이윽고 다른 사람들에게서도 감탄사가 쏟아져 나왔다. 맛있게 먹는 모습을 보니 의례적인 반응은 아닌 것 같았다.

"콩이라는 게 날로 먹어도 이렇게 맛있는 음식이었다니."

"약간의 소금을 넣어서 맛이 더 담백해진 것 같아."

소연은 가슴이 뿌듯했다. 러시아의 채소를 써도 저렇게 잘 먹는데 한국의 채소를 쓰면 과연 어떤 반응을 보일까.

"한국 음식은 '스파이시' 하다더니 의외네요. 다른 건 없어요?"

마이클의 의뭉스러운 질문에 소연이 냉큼 반응을 했다.

"그 말을 기다렸어요, 마이클. 이번엔 비빔국수를 먹어 봐요."

소연은 여자 우주인 샌디의 도움을 받아 매콤한 비빔국수와 김치를 차려 냈다. 또 한 번 탄성이 터졌다.

"빨간 소스는 케첩이 아니니까 조심해야 될 거예요."

덩치 큰 우주인들이 땀을 뻘뻘 흘려 가면서 매운 국수를 먹는 모습을 보니 소연은 웃음이 나왔다. 그들은 몹시 고통스러운 표정을 지으면서도 먹는 것을 멈추지 않았다.

"이렇게 매운 걸 즐겨 먹다니, 한국인은 신기한 사람들이군요."

국수 한입에 물 한 컵을 단숨에 들이키며 세레나가 하는 말이었다.

"신기한 게 아니라 강한 거죠. 위기를 이겨 낼 수 있는 원동력이기도 하구요."

소연이 한국인의 민족성에 대해 설명을 해보려는데 갑자기 누군가가 손뼉을 치면서 주의를 환기시켰다. 마이클 핀스크Michael Fincke라는 나사NASA의 우주인이었다. 그는 모인 사람들에게 샴페인을 한 잔씩 돌리더니 이런 말로 건배를 제의했다.

"우리들의 훌륭한 만찬을 위해 온종일 고생한 이 자리의 주인 이소연을 위해 건배합시다."

여기까지는 평범한 건배 제의였다. 그런데 두 잔째의 샴페인이 돌려지자 마이클 핀스크가 깜짝 놀랄 얘기를 했다.

"두 번째 잔은 이소연의 생일을 위해 건배합시다. 제가 듣기로는 내일이 소연의 생일이라더군요."

요란한 박수와 환호가 터졌다. 소연은 갑자기 부딪혀 오는 술잔때문에 정신이 없을 지경이었다.

"생일이라고? 내일이?"

소연은 머릿속으로 달력을 헤아려 보았다.

'그렇구나, 내일이 6월 2일이구나. 정신없는 일정 때문에 시간이 가는 것도 모르고 있었구나.'

그때 한동안 안 보이던 고산이 싱글벙글 웃으며 나타났다. 어떻게 구했는지 두 손에 커다란 생일 케이크를 든 채였다.

"소연아. 생일 축하해."

소연의 시야가 뿌옇게 흐려졌다. 이렇게 머나먼 땅에서 나 자신조차 잊고 있던 생일을 챙겨 주는 사람들이 있다니. 이렇게 훌륭한 사람들로부터 축하를 받을 수가 있다니.

"다 같이 생일 축하 노래를 부르겠습니다. 설마 가사를 모르는 분은 없겠죠?"

우주에서, 이소연입니다

여러 나라의 우주인들과
생일 파티를 열고 있는
이소연.

케이크의 초에 불을 붙인 고산이 너스레를 떨자 마이클 핀스크가 손을 번쩍 들고 이런 제안을 했다.

"한국 우주인 후보의 생일이니까 한국어로 합시다. 산이 먼저 시작해요. 우리가 따라 부를 테니까."

고산이 싱긋 웃으며 선창을 했다. '해피 버스데이 투 유'가 아니라 '생일 축하합니다'로 시작되는 노래였다. 우주인들도 서툰 발음으로 따라 부르기 시작했다.

소연이 가까스로 눈물을 참고 있는 가운데 초여름의 밤이 깊어가고 있었다. 소연은 이날을 평생 잊지 못할 것 같다는 생각이 들었다. 노래가 끝나고 소연이 촛불을 끄자 고산은 케이크의 크림을 퍼 올려 소연의 얼굴에 문질러 댔다. 그리고 이것이 한국식이라는, 친절한 설명까지 덧붙였다.

얼굴이 잠깐 지저분해지면 어떠랴. 입가에 붙은 케이크처럼, 이 정도면 참으로 맛있는 생일이 아닌가.

훈련 訓練

바다에 누워 바라본 우주

해양 생존 훈련

　비릿한 바다 냄새가 코를 찌른다. 비록 물결은 고요하지만 바다는 역시 바다인가 보다. 물빛은 종이를 담그면 먹(墨)이라도 벨 듯 어둡다. 청명한 하늘과 대비되는 색깔이다. 그리고 갈매기. 하늘과 바다를 연결하는 전령처럼 군림하고 있다. 갈매기는 이따금 날아와서 사람들의 얼굴을 살펴보기도 하는데, 어선이 아니라서 실망했다는 듯 무심한 얼굴로 사라져 버리기 일쑤다.

　여기는 흑해黑海. 호수 모양의 바다에 종유석처럼 튀어나온 크림 반도의 연안이다. 까마득한 옛날에 이 바다는 세계에서 가장 큰 호수인 카스피 해와 연결되어 있었으나 지금은 보스포루스 해협을 따라 지중해와 통한다. 아시아와 유럽의 경계가 되는 셈이다. 또 크림 반도에는 러시아 흑해 함대의 주둔지인 세바스토폴 군항이 자리 잡고 있으니 흑해는 러시아, 유럽, 아시아가 공존하는 바다라고 할 만했다.

　아침에 군항을 떠난 배 한 척이 수평선에 표표히 떠 있다. 우주인 후보들의 해양 생존 훈련을 지휘하게 될 전초 기지다.

　"무엇보다 바람이 잔잔해서 다행이야."

　갑판에서 바다를 바라보던 알렉산드르가 중얼거린다. 그는 러시

우주에서, 이소연입니다

아의 베테랑 우주인이었고 소연과 고산이 소속된 '훈련 2조'의 커맨더이기도 하다.

"바람이 그렇게 중요한가요?"

소연의 질문에 알렉산드르가 픽, 하고 웃는다.

"덩치 큰 군함이야 바람을 걱정할 이유가 없지. 그러나 바다에 둥둥 떠 있는 캡슐은 달라. 바람이 조금만 불어도 세 살 때 먹었던 시리얼까지 토해 내게 될 걸."

"다행이네요. 시리얼 따위는 먹어 본 적이 없어서."

말은 그렇게 했지만 소연은 불안했다. 지금껏 받아 왔던 훈련 중에서 가장 고통스러웠던 것이 멀미 적응 훈련이었기 때문이었다.

해양 생존 훈련이란 우주정거장을 떠난 귀환모듈이 바다 한복판에 떨어졌을 때를 대비한 훈련이다. 원래 귀환모듈이 착륙하게 되어 있는 곳은 카자흐스탄의 드넓은 초원이지만, 예상치 못한 사고로 험준한 산악 지대나 망망대해 같은 엉뚱한 장소에 떨어질 가능성도 있다.

지구에서 로켓이 발사될 때도 마찬가지다. 소유스 우주선은 3단 로켓으로 구성되어 있는데, 지상을 떠난 우주선에서 연료가 샌다든지 하는 비상사태가 생기면 우주인이 탄 모듈만 신속히 분리시켜 탈출해야 한다. 이때 1단 로켓이 분리되기 이전에 탈출하면 카자흐스탄의 초원에 떨어지는 것이고, 2단 로켓이 분리되기 전이라면 중국의 산악 지대에, 2차 분리 이후라면 한국의 동해나 일본 근해에 떨어지게 된다. 모듈이 바다에 떨어지면 구조대가 도착하는 데 꽤 많은 시간이 걸리기 때문에 우주인들은 바다 위에서 오랜 시간 생존하는 방법을 익혀야 한다.

그뿐이 아니다. 모듈 내부에 물이 새거나 화재라도 발생하면 신속히 우주복을 벗고 수면으로 탈출해야 한다. 물론 그 과정도 이번

훈련에 포함되어 있다.

"1조를 봐. 여유 만만한걸."

고산이 턱으로 반대쪽 갑판의 사람들을 가리켰다. 훈련 1조는
러시아의 기나디, 미국의 마이클과 니콜, 이렇게 세 사람의 우주인
으로 편성되어 있었다. 그들은 태연한 얼굴로 이런저런 농담을 나
누고 있었는데, 경험이 많은 사람들이다 보니 여유가 있는 건 당연
해 보였다.

"두고 보라지. 이쪽도 만만치 않다는 걸 보여 주고 말 테니."

소연이 그들을 보며 투덜거릴 때 고산의 시선은 육지 쪽을 향하
고 있었다.

"저 항구 너머에 뭐가 있는 줄 알아?"

"글쎄."

크레인에 의해 바다에
내려지는 귀환모듈.

뜻밖의 물음이라 소연은 눈만 깜빡거렸다.

"'얄타' 라는 휴양지가 있지. 들어본 적 있어?"

"얄타? 옛날에 교과서에서 본 것 같은데."

"맞았어. 2차 세계대전 끝 무렵에 강대국 간의 회담이 열린 곳이
지."

**제정 러시아 때
황제의 칭호.**

얄타는 제정 러시아 시절에 차르★가 별장까지 짓고 여름휴가를
보내던 유명한 휴양지다. 그 별장에서 구소련의 스탈린, 영국의 처
칠, 미국의 루스벨트 등 세 사람의 수뇌가 모여 전후의 국제관계에
대해 논의한 적이 있다. 1945년 2월의 일이었다.

이 회담은 우리나라에도 큰 영향을 미치게 되는데, 그들은 한반
도에서 패전한 일본군을 무장 해제시킬 때 38선 이북은 소련이, 이
남은 미국이 맡아서 수행하기로 합의한다. 당사자인 조선은 끼어

들 여지도 없었던 제멋대로의 결정이었다. 그 바람에 남북으로 분단된 한반도가 오늘날까지도 적국으로 대치하고 있으니 참으로 가슴 아픈 역사의 한 장면이었다.

"감개가 무량하지 않아?"

소연은 고산의 말이 무슨 뜻인지 알 것 같았다. 강대국끼리 모여 앉아 약소국 하나를 갈갈이 찢어 놓았던 이곳에, 전쟁의 고통과 찢어지는 가난을 딛고 일어난 그 약소국의 후손들이 와 있는 것이다. 강대국의 우주인들과 똑같은 훈련을 받기 위해서.

"더 이상 저 사람들에게 지면 안 되겠지."

소연은 이렇게 말했다. 단순히 1조를 겨냥한 말은 물론 아니었다.

훈련에 들어가기 전에 의학 검진과 심리 검사가 실시됐다. 워낙 자주 받는 검사다 보니 이제는 이골이 나서, 소연은 역할을 바꿔서 의사 노릇을 하면 재미있겠다고 생각할 정도였다.

그런데 검사를 지나칠 정도로 자주할 필요가 있기는 있는 모양이었다. 1조에서 문제가 발견된 것이다. 당사자는 미국의 우주인 마이클. 그는 심장에 문제가 있는 걸로 확인됐다.

"이럴 수가."

마이클은 거의 넋을 잃은 표정으로 검사 데이터를 읽고 있었다. 그 또한 의사였으므로 데이터가 무엇을 의미하는지는 누구보다 잘 알고 있을 터였다.

"어쩔 수 없이 이번 훈련은 빠져야겠군."

마이클이 힘없는 목소리로 중얼거렸다. 그러나 한 번 훈련에 빠지는 건 큰 문제가 아니었다. 증상이 계속되면 영원히 우주 비행을 못 하게 될지도 모를 일이다. 마이클이 충격을 받은 건 그 때문이었다. 원래 의사였던 마이클은 우주 비행의 꿈을 이루기 위해 나사 NASA에서 꽤 오랜 시간을 고생하며 노력했다. 그래서 마침내 우주선의 의료 승무원으로 선발되었는데 뜻밖의 암초가 앞을 가로막은 것이다. 사람 좋기로 소문이 나 있고 우주인 사이에서도 꽤 인기가 있었던 마이클이어서 소연은 그의 불행에 가슴이 아팠다. 결국 마이클은 배를 떠나기로 했다. 그는 세바스토폴의 병원에서 보다 정밀한 검진을 받게 될 것이었다.

"좋은 결과가 있기를 바라요, 마이클."

소연이 진심으로 인사를 건네자 그는 다시 개구쟁이의 얼굴로 돌아가서 활짝 웃었다.

"1조는 내게 감사해야 할 거야. 가뜩이나 비좁은 모듈을 두 사람이 편하게 쓸 수 있게 됐잖아."

"지금 농담이 나와요?"

"그리고 소연. 꼭 하고 싶은 말이 하나 있어."

마이클이 목소리를 낮추며 정색을 했다.

"뭔데요?"

"우주인에게 가장 중요한 덕목이 뭔 줄 알아?"

"글쎄요. 강인한 체력? 냉철함과 인내심?"

"틀렸어."

"해박한 지식인가요?"

"그것도 아니야."

"어렵네요."

"어렵지. 하지만 소연은 그걸 갖췄더군."

"그게 뭔데요?"

"잘 생각해 봐. 소연의 장점이 뭔지. 우주인은 점수로 뽑히는 게 아니야. 그러니까 너무 점수에 연연해하지 말라구."

이 말을 마지막으로 마이클은 떠났다. 소연은 그의 말이 무슨 뜻인지 아리송할 따름이었다.

2007년 7월 23일. 본격적인 훈련이 시작되었다. 항구와 가까운 곳에 정박해 있던 훈련선 샤흐쩨르 호는 먼 바다를 향해 힘차게 전진하기 시작했다. 샤흐쩨르 호는 흑해 함대 소속의 군함이었지만 전투 장비는 없었고, 훈련에 필요한 귀환모듈과 크레인, 작은 수조, 의료 장비 등을 갖추고 있었다.

"미리 멀미약을 먹어 두는 게 어때?"

의료진의 권유 앞에서 소연은 잠시 망설였다. 지금까지 소연을 가장 괴롭혔던 것이 멀미다. 그리고 반드시 극복해야 하는 것도 멀미다. 생각대로라면 혼자 힘으로 이겨 내고 싶다. 그러나 다른 동료들의 임무에 지장을 주게 된다면?

소연은 마지못해 약을 삼켰다. 기왕 먹었으니 효과가 있기를 바랄 뿐이었다.

소연, 고산, 알렉산드르 이렇게 세 사람은 지시에 따라 우주복 '소콜'을 착용했다. 강렬한 흑해의 태양이 갑판을 달구었고 우주복도 예외는 아니었다.

"찜질방에 온 기분인데요."

고산의 너스레에 알렉산드르가 심드렁하게 반응했다.

"마음껏 즐겨 둬. 이제 곧 지옥을 맛보게 될 테니까."

뭐야. 커맨더라는 사람이 겁이나 주고 있으니. 소연은 쓴웃음을 지었다.

세 사람이 탑승하게 될 소유스의 귀환모듈도 갑판 위에서 햇볕에 데워지고 있었다. 갑판도 이렇게 열기가 심한데 좁아터진 모듈 안은 어떨지, 짐작조차 가지 않았다.

"탑승합니다."

우주복을 입은 세 사람이 해치를 열고 모듈 안으로 들어간다. 예상대로다. 모듈 안은 가히 찜통을 방불케 하는 수준이었다. 귀환모

우주에서, 이소연입니다

둘의 구조상 세 사람이 다닥다닥 눕자 남는 공간이 별로 없다. 벌써 땀이 줄줄 흘러내린다.

모듈이 흔들리면서 작은 창문에 비치는 풍경이 변한다. 갑판의 크레인이 모듈을 들어 올리고 있는 것이다. 요란한 소리와 함께 창문에 물방울이 튀어 오르더니 그것이 모여서 파도가 된다. 드디어 입수다. 모듈은 이제 망망대해에 떠 있다. 소연은 온도계를 본다. 무려 50도에 육박하는 온도다. 시간이 좀 더 지나면 60도까지 올라가게 될 것이다. 그러나 더 위보다도 더 심한 고통이 밀려온다. 멀미다. 바람도 적고 파도도 잔잔한 편이었지만 바다에 떠 있는 모듈은 특이한 형태 때문에 마치 훌라후프처럼 흔들리고 있다.

분명히 멀미약을 먹었는데. 너무 늦게 먹은 것일까. 소연은 이를 악물고 고통을 참는다. 이제부터는 매뉴얼에 따라 움직여야 하기 때문이다.

훈련을 위해 귀환모듈
속으로 들어가는
한국 우주인 후보들.

훈련 訓練

모듈이 바다에 떨어지면 세 사람은 우선 우주복을 벗고 모듈에서 빠져나와야 한다. 바다에 떠 있는 채로 구조를 기다려야 하는 것이다. 이때 가장 신경을 써야 할 것이 보온이다. 아무리 따뜻한 바닷물이라 해도 사람의 체온 보다 높을 리는 없다. 오랫동안 바다에 떠 있다 보면 지속적으로 체온을 빼앗겨서 저체온증을 유발하게 되는 것이다. 잘못되면 쇼크로 죽을 수도 있다.

그래서 우주인들은 모듈 안에서 우주복을 벗고, 원래 입었던 내의 위에 비행복, 스웨터, 방수복, 구명의를 차례로 껴입어야 한다. 하지만 말이 쉽지 좁아터진 모듈 안에서 이처럼 많은 옷을 갈아입는 것은 보통 일이 아니다. 만약 한 사람이 옷을 갈아입기 시작하면 나머지 두 사람은 모듈의 벽에 바짝 붙어서 되도록 넓은 공간을 만들어 줘야 한다. 물론 방관만 하고 있어서도 안 된다. 옷을 갈아입는 것은 나머지 두 사람의 도움이 없으면 불가능하기 때문이다.

세 사람이 이런 과정을 마치는 데 걸리는 시간은 대략 90분에서 두 시간 정도다. 가뜩이나 뜨거운 모듈 안에서 용을 써가면서 겹겹이 옷을 껴입다 보면 '지옥의 맛'을 보여 주겠다던 커맨더의 말이 무슨 뜻이었는지를 깨닫게 된다. 거기에 소연은 멀미라는 복병과 맞닥뜨린 것이다.

마침내 소연이 구토를 시작했다. 훈련이 시작되고 채 10분도 지나지 않아서 벌어진 일이었다.

"어젯밤에 혼자서 뭘 먹은 거야. 아무리 봐도 떡볶이 같은데."

고산이 가당찮은 농담을 하면서 우주복의 통풍 장치를 소연의 입에 대준다. 그러나 한줄기 미지근한 공기로 멈춰질 멀미가 아니다. 소연은 고통보다도 미안함이 더 컸다.

"방법은 하나뿐이야. 되도록 빨리 여기를 탈출하는 것."

옷을 갈아입던 알렉산드르가 속도를 낸다. 그러나 생각만 그럴 뿐 쉽지는 않다. 속을 한 번 비워 낸 소연과 고산이 땀을 줄줄 흘리면서 돕는다.

이제는 1분이 한 시간 같다. 커맨더의 움직임이 마치 고속 촬영 필름처럼 느려 보인다. 더위와 멀미. 한번 어울리니까 효과가 엄청나다. 뇌와 위장이 목에서 뒤엉키는 것 같다. 뭉크의 그림 〈절규〉처럼 눈앞의 사물이 흐느적거리는 것처럼 느껴지기도 한다.

'제발.'

소연은 마음속으로 부르짖었다.

'제발 이 시간이 빨리 지나가기를.'

소연은 고등학교 시절의 한 장면을 문득 떠올린다.

축제였다. 모교의 학생들과 주변 학교에서 몰려온 아이들로 학교는 인산인해다. 축제의 하이라이트는 뭐니 뭐니 해도 반별 장기 자랑이었다. 소연은 룸메이트 지연과 팀을 만들었는데, 거기에 또 한 친구가 가세했다. 우연히 그 친구의 이름에도 '연' 자가 들어 있었다.

"좋았어. 우리 팀의 이름은 '3연'이야. 벌써 느낌이 좋잖아."

소연의 호들갑에 지연이 고개를 갸웃거렸다.

"도중에 하나가 빠지면 곤란할 것 같은데. '2연'이라고 불러 주면 좋은데 다르게 부르는 사람도 있을 것 같고……."

무슨 뜻인지 알아들은 나머지 두 명이 킥킥대고 웃었다.

"그러니까 우린 끝까지 가야 해. 뭘 들고 나갈지부터 고민해 보자고."

세 명의 여학생은 의견을 조율한 끝에 코믹한 전통 춤을 선보이기로 했다. 이른바 '어우동 춤'이었다.

"복장은 어떻게 구하지?"

"내게 맡겨 둬."

소연은 그 길로 엄마에게 달려갔다. 여고생이 기생 춤을 추겠다는데 엄마는 꾸짖기는커녕 박장대소를 했다. 과연 성격이 소연과 판박이랄 수 있는 엄마였다. 엄마의 도움을 받아 소연은 한복 세 벌을 조달할 수 있었다. 그러나 한복이 어디 보통 옷인가. 세 여학생은 겹겹이 껴입는 것만으로도 진땀을 뺐다.

게다가 계절은 초여름이었다. 무대에서는 신나게 춤추면서 돌아다녔지만 순서가 끝나자마자 모두들 더위 때문에 대기실에서 쓰러지고 말았다. 병원에 실려 가지 않은 것만 해도 다행일 정도였다.

'한바탕 놀았다고 치지 뭐.'

커맨더를 도우면서 소연은 이런 생각을 했다. 즐거웠던 기억 때문에 멀미도 덜해진 느낌이었다.

마침내 커맨더의 옷 갈아입기가 끝났다. 이번엔 고산의 차례였다. 그의 동작은 언제나처럼 빨랐다. 러시아나 미국의 우주인들도 따라잡기 힘들 정도였다.

덕분에 소연의 차례도 빨리 돌아왔다. 우주복을 벗고 생존에 필요한 옷으로 갈아입자 거짓말처럼 해치가 열렸다. 스며드는 서늘한 — 느낌 때문이지 사실은 미지근한 — 공기. 숨통이 트이는 느낌이었다.

"장비를 챙깁시다."

커맨더가 짐을 챙겨서 밖으로 나간다. 역시 혼자서는 안 될 일이다. 나머지 두 사람이 힘을 쓴다. 커맨더의 짐 속에는 구조 신호를 위한 무전기와 조명탄 같은 장비가 들어 있다. 비상식량과 물통 같은 것은 소연과 고산이 짊어져야 할 몫이었다.

마침내 흑해에 몸을 담근다. 워낙 높은 온도와 멀미에 시달려서인지 미지근한 바닷물과 일렁이는 물결이 시원하기만 하다. 세 사람은 수면 위에 벌렁 누운 채 다리를 교차해서 단단하게 엮는다. 마치 프로 레슬링 선수처럼. 이렇게 하면 불시에 들이닥치는 파도 때문에 흩어져 떠내려가는 것을 예방할 수 있다.

세 사람은 이제 잘 엮인 하나의 뗏목이 된다. 누워서 바라보는 하늘은 여전히 청명하기만 하다. 하늘빛이 저렇게 아름다웠던가. 노래라도 부르고 싶은 심정이다.

〈저 바다에 누워〉라는 노래가 있었지. 이 자리에서 부르면 제격일 것 같은데.

여유를 되찾은 소연은 문득 고산을 바라본다. 그는 물결에 흔들리는 채로 뭔가 골똘한 생각에 잠겨 있다.

"무슨 생각을 하고 있어요?"

"어떤 선장에 관한 생각."

"에이허브?"★

"아니. 나랑 아주 가까운 사람. 그 사람도 저 하늘을 지금의 나처럼 바라본 적이 있을까 싶어서."

소연은 더 이상 묻지 않았다. 누군들 지금의 하늘을 아름답다 하지 않으랴.

커맨더가 무전기로 구조 신호를 보내자 곧바로 응답이 왔다. 곧 구조 보트를 보낼 테니 짐을 가볍게 만들라는 얘기였다. 짐을 가볍게 만들려면 비상식량을 먹어 치우는 수밖에 없다.

세 사람은 바다를 베고 누운 채 세상에서 가장 멋진 식사를 했다. 그러나 배로 돌아와서 몸무게를 달아 보니 세 사람 모두 4~5 킬로그램나 빠져 있었다.

★ 허먼 멜빌의 소설 《백경》에 등장하는 고래잡이 배의 선장.

최종 탑승 우주인 선발

'때가 되었습니다. 지난여름은 참으로 위대했습니다.' ★

이런 구절로 시작되는 누군가의 시처럼 참으로 뜨거웠던 여름이었다. 그 여름도 막바지로 치닫고 있었다. 마침내 때가 된 것이다.

2007년 9월 5일 오전 8시, 과천에 위치한 과학기술부 청사의 회의실. 백홍열 항공우주연구원장과 정기영 항공우주의료원장을 비롯한 7명의 위원들이 중대한 발표를 앞두고 조금은 상기된 얼굴로 앉아 있었다. 이른바 한국우주인 선발협의체 회의였다.

바야흐로 이소연과 고산, 두 사람의 우주인 후보 중 한 사람을 탑승 우주인으로, 나머지 한 사람을 예비 우주인으로 결정하는 자리였다.

"우열을 가리기가 힘들어요. 두 사람 다 임무를 완수하고도 남을 충분한 능력을 지니고 있거든요."

백홍열 원장은 처음부터 곤혹스러운 얼굴이었다. 정기영 원장도 고민스럽기는 마찬가지였다.

"체력이나 건강 상태도 두 사람 모두 완벽합니다. 러시아 의료진들의 의견도 마찬가지구요."

"그래도 우리는 한 사람을 고르지 않으면 안 됩니다. 소유스 우주선에 두 명을 태울 수는 없는 노릇이니까요."

이렇게 말하는 사람은 카이스트KAIST의 방효충 교수였다.

"결국 점수로 가릴 수밖에 없다는 얘기군요."

정희권 과학기술부 우주기술협력팀장이 탄식을 했다. 백홍열 원장이 고개를 끄떡이며 말했다.

"어쩔 수 없습니다. 원래 우리의 선발 기준은 우주인 후보로 선정될 당시의 성적을 30퍼센트, 가가린 우주센터의 성적을 50퍼센트, 국내 실험 훈련 성적을 10퍼센트, 그 밖의 종합 평가를 10퍼센트 반영하기로 정한 바가 있습니다."

"사실은 마지막 10퍼센트가 가장 중요한 건지도 모르지 않습니까."

"안타깝지만 탑승 우주인의 선발 기준은 충분히 객관적이어야 합니다. 그것이 국민들과의 약속이니까요."

"의견을 한번 모아 봅시다."

데이터가 돌려지고 본격적인 회의가 시작되었다. 처음에는 언제 끝날지 모르는 논의처럼 보였다. 그러나 시작한 지 두 시간쯤 지나자 한줄기 가닥이 잡히기 시작했다.

오전 11시. 엄청나게 몰려든 취재진 앞에서 마침내 발표가 나왔다.

"한국 최초의 탑승 우주인으로 고산 씨가 선정되었음을 공식적으로 발표합니다."

비슷한 시각의 모스크바 한국 대사관. 축하의 박수가 요란하게 쏟아지는 가운데 모처럼 양복을 입은 고산이 자신 있는 걸음으로 단상에 올랐다. 이규형 러시아 대사로부터 '우주인 선정서'를 전달받기 위해서였다.

"먼저 이소연 씨에게 감사의 말을 전하고 싶습니다."

고산은 소연을 바라보면서 인사를 시작했다.

"저 혼자 왔다면 쉽지가 않았을 겁니다. 이소연 씨가 함께 있어 줘서 훨씬 수월하게 달려온 것 같습니다. 앞으로도 한국 우주 산업에 첫발을 디디는 동반자로서 오랫동안 함께 갈 수 있었으면 하는 바람입니다."

다시 박수가 터졌다. 소연도 제일 앞자리에서 힘껏 박수를 쳤다.

'결국 될 사람이 된 거야. 러시아에서 치른 훈련과 실습의 점수가 가장 많이 반영되었다지 않아. 그는 항상 빨랐고 완벽했으니까. 멀미 따위로 못난 꼴을 보인 나랑은 비교가 안 될 테지.'

소연은 이렇게 생각을 정리했다. 그러고는 조금은 홀가분한 마음으로 축하의 인사를 전하려 했다.

그런데 이상도 해라. 자꾸만 눈물이 나왔다. 소연은 애써 웃음을 보이고 있었지만 눈물만큼은 뜻대로 되는 것이 아니었다.

'도대체 나는 왜 울고 있는 것일까. 억울해서? 물론 아니다. 분해서? 그럴 리가 없다. 아쉬워서? 그래. 아쉬움이 있는 건 사실이다. 그렇지만 울 정도는 아니잖아. 여기까지 올라오지도 못한 다른 후보들을 생각해 봐.'

소연은 마침내 평상심을 되찾았다. 어떤 야속한 기자가 소감을 물었을 때 이렇게 되물을 수 있었던 것은 마음이 충분히 정리되었다는 증거였다.

"기자님은 축구 경기 좋아하세요?"

"물론 좋아하죠. 보는 것만 좋아해서 탈이지만."

엉뚱한 반문 때문에 당황하는 기자에게 소연은 차분하게 말했다.

"스트라이커의 멋진 골이 터질 때에는 언제나 멋진 어시스트를 하는 선수가 있는 법이죠. 탑승 우주인이 환상의 골을 터트릴 수 있도록 멋지게 어시스트를 하겠어요."

숨 돌릴 틈도 없이 훈련이 재개됐다. 축구로 치면 후반전이 시작

우주에서, 이소연입니다

소콜 우주복을 입고
우주선 의자에 앉고 있는
이소연.

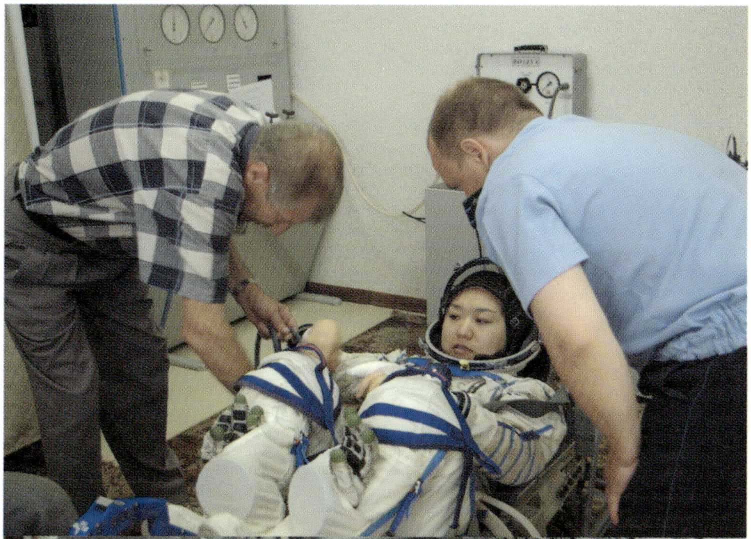

우주선 계기판 훈련을
받고 있는 고산.

헬기 구조 훈련을
받고 있는 고산.

된 셈이었다.

전반전에는 소유스와 우주정거장 등 여러 가지 시스템을 이해하는 데 필요한 이론 수업이 많았지만 후반전에는 무중력 적응 훈련, 햄 라디오Ham radio 교육, 헬기 구조 훈련 등 실제 상황을 방불케 하는 훈련이 주종을 이루었다.

신분은 비록 탑승 우주인과 예비 우주인으로 갈라졌지만, 훈련 내용까지 나뉜 것은 아니었다. 원래 유사시를 대비해서 똑같은 훈련을 받도록 되어 있었기 때문이다.

무중력 적응 훈련은 탑승 우주인이 발표된 지 불과 5일 만에 실시됐다. 또다시 실험용 비행기 '일류신 76'을 타게 된 것이다.

'한때는 이 비행기 안에 일곱 명의 후보가 북적거렸지.'

그게 벌써 10개월 전의 일이었다. 소연은 감회가 새로웠다.

'이진영 소령님은 지금 뭘 하고 있을까. 준성이는 여전히 범죄자들과 씨름하고 있겠지. 막내 지영이에겐 남자 친구가 생겼을까.'

그러나 이제는 단둘만 남아 있다. 비행기 안의 넉넉한 공간이 아쉽게 느껴지기도 했다.

비행기가 하늘로 날아오른다. 두 배의 중력과 무중력이 번갈아 가며 엄습한다. 소연과 고산은 무중력 상태에서 재빨리 우주복을 갈아입는다. 익숙한 동작이다.

후보의 신분으로 실험기에 탔을 때는 꽤 고생을 했던 걸로 기억하는데, 이제는 그럭저럭 견딜 만하다. 훈련의 위력인 것 같았다.

'나도 슬슬 우주인이 되어 가고 있는 것일까.'

소연은 이런 생각을 떠올리며 후후, 웃었다.

다시 그리운 한국으로

2006년 12월 25일 크리스마스. 이날은 소연과 고산이 각각 1만 8천 대 1의 경쟁을 뚫고 한국의 우주인으로 선발된 날이다. 그로부터 꼭 1년 뒤인 2007년의 성탄절. 두 사람은 역시 한국에 있었다. 우주정거장에서 해야 할 과학 실험들을 습득하기 위해 항공우주연구원을 방문하게 되어 있었던 것이다. 오랜만의 한국 나들이였다.

1년 전과 지금. 나는 얼마나 달라진 것일까. 가는 곳마다 붙어 있는 자신과 고산의 커다란 사진을 볼 때에도 소연은 실감이 나지 않았다. 밀려드는 인터뷰 요청을 소화할 때에도 마찬가지였다.

우주인 프로젝트는 대한민국의 과학사에 큰 획을 그을 만한 사건이다. 그리고 소연을 한층 성숙하게 만드는 계기가 될 것이었다. 적어도 소연의 바람은 그랬다. 그런데 정말일까?

'누군가 말해 줬으면 좋겠어. 난 얼마나 달라진 걸까.'

물론 외형 상으로는 달라진 게 많았다. 높은 자리에 있는 사람들을 많이 만날 수 있었고 거리에서 아는 체 하는 사람도 많아졌다. 사인을 요구하는 꼬맹이들도 크게 늘었다는 점이 변화라면 변화다.

"나중에 정치 같은 거 해볼 생각 없어요?"

이렇게 슬그머니 물어 오는 사람도 있었다. 과학자에게 정치라니. 소연은 웃음이 나왔다. 심지어 누군가는 자서전을 써보라고 권유하기까지 했다. 큰돈이 될 거라면서.

일정은 몹시 바빴고, 많은 사람들을 만나서 쉴 새 없이 이야기를 나누었지만 소연은 적막한 공간에 갇혀 있는 느낌이었다. 자꾸만 갈증이 났다.

12월 27일. 코엑스에서 열리는 우주탐험전에 참석하기로 한 날이었다. 우주인이 방문한다는 소문이 퍼져서인지 전시장에는 어린이들이 일찌감치 모여들어 북적대고 있었다.

소연과 고산은 우주인들의 훈련 과정을 간략하게 설명한 다음 어린이들에게 사인을 해주기 시작했다. 그런데 30분간으로 예정된 사인회가 한 시간이 되도록 끝날 기미를 보이지 않았다. 부모의 손을 잡고 나타난 어린이들과 단체 관람을 온 어린이들이 끊임없이 줄을 이었기 때문이었다.

'맞아. 어린이들이 있었지. 어쩌면 이것이 가장 중요한 일이겠군.'

10년에서 20년 전만 해도 어린이들에게 장래의 꿈을 물으면 대통령, 장군, 과학자, 의사, 교사, 파일럿이 대다수였다고 한다. 그런데 요즘 어린이들은 연예인이나 운동선수가 아니면 발음도 잘 안 되는 펀드 매니저, CEO를 꿈꾼다고 하니 세월이 변하긴 변한 모양이다.

'우리에게 사인을 받아 가는 아이들 중에는 우주인을 꿈으로 품는 아이도 있을까?'

분명히 있을 것이었다. 그 아이들의 꿈을 키워 주는 것이 소연과 고산의 가장 큰 의무가 아니었던가.

"고산 씨. 이소연 양. 여기 계속 머물러 있으면 곤란합니다. 인터뷰가 워낙 많이 밀려 있습니다."

우주에서, 이소연입니다

스케줄 담당자는 그날 내내 난처한 얼굴이었다. 그러나 두 사람은 아랑곳하지 않았다.

"인터뷰를 미뤄 주세요. 저흰 여기서 할 일이 많아요."

두 사람의 말은 어느 때보다 단호했다.

그날 저녁, 모처럼 어제의 동지들이 다시 뭉쳤다. 장소는 강남역 부근의 조촐한 삼겹살 집. 우주인에 도전했던 후보들의 모임인 '우주로 245'가 주관하는 자리였다. 그리운 얼굴들이 넘쳐 나서—소연은 내내 즐거운 비명을 질러야 했다. 놀라운 절제력으로 유명한 고산도 그 시간만큼은 마음 놓고 마시는 눈치였다.

"산이 형. 술 많이 늘었네. 러시아에서 훈련은 안 받고 보드카만 마셨나 보지?"

"소연 씨는 못 보던 사이에 많이 예뻐졌어. 러시아에서 애인 만든 거 아냐?"

만나서 기쁘지 않은 사람이 있었으랴만 그중에서도 콧날이 시큰거릴 정도로 반가웠던 사람은 이진영 소령과 아정이였다. 두 사람은 러시아에서 동고동락했던, 한때의 동지가 아니었던가.

"아직도 가끔 러시아 꿈을 꾼다니까."

취기 때문인지 이 소령은 가끔 몽롱한 눈빛을 보였다.

"내 몫까지 잘하고 있는 거죠?"

멀미 때문에 '최후의 6인'에 들지 못한 아정이에겐 러시아의 기억이 아쉬움으로 남았을 것이었다. 소연은 짠한 심정이었다. 자신도 멀미 때문에 고생을 하지 않았던가.

"아정아. 네가 보기에 난 얼마나 달라진 거 같아?"

소연의 질문에 아정이 고개를 갸웃거렸다.

"글쎄요. 조금 더 무거워졌다고나 할까."

"몸무게가?"

"아뇨. 물리적인 거 말고."

"어두워 보여?"

"그런 게 아니라니까요. 하여간 설명하기 힘들어."

소연은 아정이 무엇을 말하려는 건지 알 수가 없었다.

바쁜 일정 도중에 3일간의 짧은 휴가가 있었다. 2008년을 맞이하는 송구영신送舊迎新의 기간이었다.

소연은 모처럼 고향 집을 찾았다. 연말연시가 되면 늘 그랬던 것처럼 집은 손님들로 북적이고 있었다.

"어디 우주인이 타주는 차 한 잔 마셔 보자."

어른들이 이런 말로 차를 청하는 것 외에는 크게 달라진 것이 없었다. 소연은 전과 똑같이 떡국을 끓이고 만두를 빚고 전을 부치고 차를 끓였다.

"쉬어가면서 해라. 고생이 많았을 텐데."

할머니가 혀를 끌끌 찼다. 오랫동안 훈련과 바쁜 일정에 시달렸으니 쉬고 싶은 생각이 날 법도 하련만, 소연은 분주하지만 평범한 일상으로 돌아가는 것이 즐거웠다. 아니, 그것이야 말로 진정한 휴식이라는 생각이 들었다.

엄마와 아빠도 우주인과 훈련에 관한 얘기는 삼가는 눈치였다. 그것도 일종의 배려일 것이었다.

"엄마가 보기엔 어때. 내가 조금 달라진 것 같긴 해요?"

"달라지긴 뭐가 달라져. 여전히 수더분한 딸이지. 이리 와서 커피 좀 타라."

사흘은 쏜살같이 지나갔다. 뭘 했는지 기억조차 나지 않을 정도였다.

"잘해라."

소연이 집을 떠나는 날, 아빠의 말은 언제나처럼 짧았다. 그러나

우주에서, 이소연입니다

딸에게 바라는 모든 것이 들어 있을 터였다.

짐을 꾸린 소연이 차에 막 오르려는 순간, 아까부터 고개를 주억거리던 할머니가 한마디를 했다.

"이제 우리 소연이 시집가도 되겠다."

"네?"

"별로 애쓰는 것 같지도 않은데 할 일을 척척 찾아서 하잖아."

그리고 며칠 후 공항에서 소연은 고산과 재회했다.

"휴가 기간 동안 뭘 했어요?"

"아버지께 다녀왔어. 여자 친구랑."

아버지 산소에 다녀왔다는 얘기였다.

"잘 계시던가요?"

"응."

"뭐라고 하세요?"

"훈련 잘 받으라고."

생각해 보니 며칠 뒤에는 러시아의 설원에서 혹한기 생존 훈련이 시작될 예정이었다. 잘해 낼 수 있을까?

물론이지. 하던 대로 하면 될 것이었다. 왜 아니겠는가.

나의 한계는 어디까지인가

동계 생존 훈련

이 글은 2008년 1월 말 러시아에서 실시된 동계 생존 훈련을 실제 상황처럼 각색한 것입니다.

문제가 생겼다. 귀환모듈의 문을 열자 얼음장 같은 공기가 쏟아져 들어온다. 윙윙거리는 바람 소리. 그리고 눈보라다. 눈보라라니. 모듈은 원래 카자흐스탄의 초원에 떨어지게 되어 있었잖은가.

그런데 눈앞에 펼쳐진 광경은 눈보라가 몰아치는 설원이다. 을씨년스럽게 늘어선 자작나무의 숲도 보인다. 도대체 여긴 어딜까.

자작나무 숲을 망연히 바라보던 고산은 문득 얼굴을 찌푸린다. 아직도 멀미가 남아 있다. 발사된 우주선이 우주정거장까지 도달하는 데는 3일이 걸린다. 반면에 돌아올 때 걸리는 시간은 3시간 반에 불과하다. 당연히 위험도도 높아서 단 1초의 방심도 허락되지 않는다. 긴장의 연속인 것이다. 그리고 오랜만에 맛보는 중력. 몸이 혼란스러워하는 것은 당연하다.

가벼운 신음 소리가 들린다. 옐레나의 것이다. 다치기라도 한 것일까. 착륙할 때 연착륙 엔진의 이상으로 모듈이 크게 균형을 잃은 적이 있었다. 다쳤다면 그 때문일 테지. 근심스레 옐레나의 상태를 살피던 올레크가 고산에게 묻는다.

"어디쯤인 것 같아?"

Global Positioning System.
위성항법장치衛星航法裝置.

고산이 GPS★수신기를 들여다본다. 떠오르는 숫자를 지도에 대입해 보니 아르한겔스카야 부근으로 나온다. 모스크바에서 북동쪽으로 1천 킬로미터 남짓 떨어진 곳이다. 착륙 예정지를 무려 2천 킬로미터 이상 벗어나 있다는 얘기가 된다. 그들은 처음부터 잘못된 궤도에 진입한 것이다. 무엇이 문제였을까. 기계의 오작동? 아니면 신경계의 이상?

"한 가지는 분명해. 사방 90킬로미터 내에는 사람이 존재하지 않아."

"최악이군."

고산의 말에 올레크가 한숨을 쉬며 고개를 절레절레 흔든다.

"최악은 아니야. 40년 전에는 모듈이 우랄 산맥에 떨어진 적도 있었다고."

"적어도 산악 지대에는 떨어지지 않았다는 얘긴가."

연륜이 제법 느껴지는 인상과는 달리, 올레크는 작년에 가가린 우주센터에 입교한 신참 우주인이다. 하긴 홍일점인 옐레나도 신참이고 고산도 예외는 아니다. 경험이 일천한 만큼 오직 훈련을 통해 배워 익힌 것만으로 위기를 헤쳐 나가야 한다.

우선 모듈 외부의 온도를 확인한다. 영하 20도. 강한 바람 때문에 체감 온도는 훨씬 낮을 것이다. 모듈 안에는 아직 온기가 남아 있지만 오래가지 못할 것임을 다들 알고 있다. 싸늘하게 식은 모듈은 바람만 막아 줄 뿐, 추위에는 속수무책이다. 그러니 날이 어두워지기 전에 추위를 막아 줄 임시 거처를 만들어야 하는 것이다.

세 사람은 비좁은 모듈 안에서 우주복을 벗고, 방한복으로 갈아입는다. 영하 60도까지 버텨 낼 수 있는 특수 방한복이다. 갈아입는 속도는 언제나처럼 고산이 빠르다. 가가린 우주센터의 기록을 갈아치운 것도 고산이다.

　옷을 갈아입던 옐레나가 얼굴을 찌푸린다. 보아하니 다리를 다
친 듯하다.

　"괜찮겠어?"

　고산의 물음에 옐레나는 억지로 웃으며 대답한다.

　"아무래도 발목을 살짝 삔 것 같아. 신경 쓰게 해서 미안해."

　원래 혈육끼리는 미안하다는 말을 쓰는 것이 아니다. 문제가 생
겼다면 다 같이 해결하면 그뿐이다. 그들은 중력이라는, 어머니 지
구의 탯줄을 함께 끊어 낸 한 핏줄이 아니던가.

　옷을 갈아입은 고산과 올레크가 밖으로 나선다. 바람 소리는 여
전히 날카롭고 시야는 눈보라 때문에 어지럽다. 이제 곧 해가 떨어
질 것이다. 눈보라 속에서 해가 떨어지면 특별하게 만들어진 방한
복도 무용지물이다. 가장 먼저 해야 할 일은 눈보라를 막아 줄 구조
물을 만드는 것이다.

　올레크가 적당한 장소를 찾아 바닥의 눈을 치우는 동안 고산은
자작나무 사이에 숨어 있는 전나무를 찾아 잎이 풍성한 가지들을

텐트를 설치한 후
휴식을 취하고 있는 고산.

잘라 내기 시작한다. 전나무 가지는 바닥의 한기로부터 그들의 체온을 지켜 줄 것이다.

두 사람이 바닥을 만드는 동안 옐레나는 모스크바 임무통제센터 MCC와 교신을 시도한다. 표정이 어두운 걸 보니 뜻대로 잘 되지 않는 모양이다. 이젠 무전기까지 말썽인 것일까.

임무통제센터가 귀환모듈의 궤적을 열심히 추적했다한들 정확한 위치까지 잡아낼 수는 없었을 것이다. 교신이 되지 않으면 구조될 때까지 며칠, 몇 주를 기다려야 할지 알 수가 없는 노릇이다.

다져진 바닥 주위에 원뿔 형태로 나뭇가지들을 세운다. 그 나뭇가지 위에 은박지가 덧붙여진 방수막을 두르고 다시 낙하산의 천을 덮는다. 그럭저럭 눈보라는 피할 만한 형태다.

여기까지 작업을 끝내자 기다렸다는 듯 해가 떨어진다. 강추위 속이지만 두 사람의 내복은 땀으로 흥건히 젖어 있다. 젖은 옷은 빨리 벗어야 한다. 체온의 저하를 막아야 하기 때문이다.

옐레나를 부축해서 텐트로 옮긴 두 사람은 주변의 눈을 파서 나

못가지를 쌓아 놓고 불을 피운다. 다행히 눈보라는 조금씩 잦아드는 듯하다.

"고생했어요. 보이 스카웃 아저씨들."

옐레나가 농담을 한다. 애써 여유를 보이고는 있지만 누구보다도 초조한 심정일 것이다. 그래서 고산과 올레크는 일부러 교신에 관한 얘기를 꺼내지 않는다.

"이렇게 훌륭한 캠핑장에 보드카가 없다는 게 말이 돼?"

비상식량을 꺼내며 올레크가 투덜거린다. 확실히 러시아인들은 보드카를 좋아한다. 러시아의 과학자들은 보드카의 알콜 도수 40도를 보드카의 과학이라고 예찬한다. 보드카가 제일 맛있는 도수라는 것이다. 그 도수를 밝혀낸 인물이 주기율표를 만들어 낸 화학자 멘델레예프*라고 하니 아닌 게 아니라 과학은 과학인 셈이다.

이윽고 조용한 성찬이 시작된다. 초콜릿과 비스킷이 대부분인,
볼품없는 비상식량이지만 국제우주정거장에서 먹었던 어떤 음식보다도 맛이 각별하다. 중력이 미각을 되찾아준 탓이다. 그러나 식사를 하는 세 사람의 모습은 몹시 조심스럽다. 입에 들어간 음식도 되도록 오래 씹어 적은 음식으로도 포만감을 느낄 수 있도록 애를 쓴다. 생존 키트에 들어 있는 식량의 양이 이틀 치에 불과하다는 걸 알고 있는 탓이다.

6리터가 전부인 물은 눈을 녹여 해결하면 된다지만 식량만은 아껴야 한다. 이곳은 식량을 구하기가 거의 불가능한 러시아의 설원이 아니던가.

몇 입 먹는 둥 마는 둥 하던 고산이 자리를 뜬다.

"먹다 말고 어딜 가는 거야?"

"멀미 때문에 입맛이 없어. 뇌조雷鳥*라도 한 마리 잡아 와야겠어."

그는 무기화학 교과서 《화학의 원리》를 저술하기 위하여 당시에 알려져 있던 63종의 원소 배열 순서를 생각하는 과정에서 주기율을 발견했다.

닭목 들꿩과의 조류. 유라시아 대륙과 북아메리카의 북극권에 서식한다.

"설마 신호탄을 써서 잡겠다는 얘긴 아니겠지?"

"모르지. 걔들이 불꽃놀이를 좋아하지 말라는 법도 없잖아."

고산이 식량을 아끼기 위해 너스레를 떤다는 것을 두 사람이 모를 리가 없다. 지구에서의 첫 성찬은 그렇게 끝나고 만다.

어느새 눈보라가 멎었다. 모닥불 앞에서 젖은 내복을 말리던 고산은 문득 하늘을 바라본다. 구름이 거짓말처럼 사라졌다. 그리고 별. 셀 수도 없는 별들이 자작나무 가지에 걸려 있다.

〈자작나무와 별〉이라는 동화가 있었지. 핀란드 동화였던가.

고산은 어렸을 때 읽었던 동화 한 편을 떠올린다. 전쟁 통에 부모와 이별하고 이웃나라를 떠돌던 오누이가 고향을 찾아가는 얘기다. 집으로 가는 길은커녕 마을 이름조차 모르지만 오누이가 유일하게 기억하는 건 고향의 오막살이 앞뜰에 커다란 자작나무가 하나 있었고 밤이면 그 가지 사이에 반짝거리는 별 하나가 떠올랐다는 사실이다.

오누이는 방향도 가늠하지 못하면서 무작정 집을 찾아 떠난다. 그리고 숱한 사람들과 숱한 자작나무를 만나지만 추억처럼 별을 품은 나무는 좀처럼 나타나지 않는다. 눈보라와 굶주림이 꾸준히 발목을 잡지만 오누이는 희망을 버리지 못한다.

몇 년의 세월이 흘렀을까. 마침내 가엾은 누이동생이 지쳐 쓰러질 때가 되어서야 어느 외딴집 자작나무에서 반짝이는 별을 발견하게 된다. 기어이 집을 찾아낸 것이다.

'나도 내 집을 찾아온 것일까.'

자작나무와 별을 보며 고산은 생각했다. 어떻게 보면 고산도 그 오누이처럼 많은 길을 걸었다. 무려 2년 가까운 여정이었다. 아니, 어쩌면 그 이상이었는지도 모른다.

선장이었던 아버지를 일찍 여읜 탓에 조금은 과묵하게 자랐던 소년. 어머니와 누이로부터 받았던 사랑을 온전히 돌려주고 싶었던 소년. 그 소년이 자라 청년이 되고 대학을 나와 기업체의 연구원이 되었을 때만 해도 우주는 다른 세상의 얘기였다.

다만 청년은 피가 더웠다. 그 피를 식히기 위해 청년은 복싱을 시작했고 암벽을 타고 산에 오르기도 했다. 땀에 뒤덮인 채로 정상에 서면 불어오는 바람이 피를 식혀 주곤 했다. 그러나 그때뿐이었다. 산을 내려오면 또다시 갈증이 났다. 물을 마셔도 사라질 리 없는 갈증이었다.

그러다가 소식을 들었다. 항공우주연구원에서 사람을 우주로 보낸다는 소식이었다. 바로 그 순간, 청년의 마음 한구석에서 첼로의 줄이 튕겨지는 것과 비슷한 소리가 났다.

이것이었을까. 내 목마름의 근원은 우주였을까. 잠결의 알 수 없는 부름도 우주에서 온 것이었을까. 청년은 그 길로 산에 올라가 하늘을 보았다. 어째서 내 눈은 그동안 하늘을 담지 못했던 것일까. 별빛이 찬연한 하늘을 무언가가 가로질렀다. 별똥별인지 어떤 나라의 위성인지 알 수 없는 일이었다.

확인해 보리라. 저 위에서 누가 나를 내려다보는지. 그리고 과연 누가 날 부르고 있는지, 저 우주의 심연에서 확인해 보리라. 그것이

텐트 옆에 모닥불을 피우는 우주인들.

2년 전의 일이었다.

추위 때문에 좀처럼 잠을 이룰 수가 없다. 그래도 자야 했다. 체력을 아껴야 하기 때문이다. 돌아가면서 3시간씩 불침번을 서기로 했다. 누군가는 불을 지켜야 한다. 어쩌면 맹수의 습격이 있을지도 모를 일이다. 러시아의 설원에는 호랑이가 산다고 하지 않았던가.

고산은 올레크 다음으로 불을 지켰다. 모닥불은 몽롱하게 타오르고 있었다. 불은 사람의 마음을 정화하는 작용이 있다. 조로아스터교★의 교리가 정확히 무엇인지는 몰라도, 그들이 추구하는 것 중에 정갈한 마음은 반드시 들어 있을 것이다.

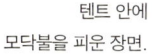
불을 신성시하고 유일신을 예배하던 고대 페르시아의 종교.

시간이 다 되어 옐레나를 깨우려던 고산은 잠시 망설인다. 그녀가 무전기를 손보느라 꽤 늦게 잠이 들었음을 아는 탓이다. 더욱이 그녀는 환자가 아닌가.

고산은 다시 모닥불로 돌아갔다. 벌써 땔감이 간당간당하다. 다시 숲에 다녀와야 하는 것일까. 일단 가까운 곳의 눈을 파헤쳐서 마른 풀을 모아 보기로 한다. 그런데 이상한 일이다. 설원인데도 강한 흙냄새가 코를 어지럽힌다. 후각이 예민해졌다는 뜻일까. 이 냄새, 우주에서 얼마나 그리워했던가.

마른 풀을 대충 모은 뒤에 고산은 눈덩이를 얼굴에 문질러 세수

텐트 안에 모닥불을 피운 장면.

를 한다. 바늘 끝으로 피부를 찌르는 느낌이다. 졸음이 깨끗이 사라지면서 몸의 감각이 한꺼번에 깨어나는 것 같다. 주변의 사물이 한층 선명해졌다. 시야도 몇 배는 넓어져 있다. 어떻게 된 거지?

일출이구나.

태양이 지평선에서 움트고 있음을, 고산은 그제야 알아차린다. 지구로 귀환한 뒤에 맞이하는 첫 번째 일출이었다.

지구를 하루에 16번이나 도는 국제우주정거장ISS에서는 일출과 일몰이 잦다. 때로는 일몰을 오래 보고 싶어서 소행성 위를 걸어 다녔던 어린왕자가 된 기분이다. 그러나 잦은 일출과 일몰을 반가워하지 않는 사람들도 있다. 바로 이슬람교도들이다.

일출과 일몰에 맞춰 메카Mecca*가 있는 방향으로 하루에 다섯 번 기도를 해야 하는 무슬림에게 16번의 일출은 곤혹스러운 일이 아닐 수 없다. 그래서 무슬림 우주인을 우주정거장에 보냈던 사우디아라비아와 말레이시아 당국은 고민이 많았다고 한다. 기도도 기도려니와 라마단*도 문제였다. 하루가 그렇게 짧으니 언제 금식을 해야 한다는 말인가. 결국 두 나라는 '우주인의 능력에 따라 지켜져야 할 것'이라는 애매한 언급으로 무슬림의 의무를 피했다. 어린왕자 또한 무슬림이었다면 잦은 일몰 때문에 애를 태웠을 것이다.

전원 기상이다. 왜 깨우지 않았느냐며 책망하는 엘레나에게 고산은 웃음으로 대답을 대신한다.

매뉴얼대로 역할은 분담되어 있다. 엘레나는 다시 교신을 시도하고 두 사람은 이틀째의 밤을 버텨 낼 거처를 만들기로 한다. 지난밤의 텐트는 구조가 엉성해서 몹시 추웠다. 며칠을 더 버텨야 하는지 기약이 없는 상황에서 보온이 잘 안 되는 거처는 치명적이다.

이번에 만들기로 한 텐트는 인디언식 구조물이다. 나사NASA의 우주인들이 처음 시도한 것인데 보온 효과가 탁월하다고 한다.

마호메트가 태어난 곳으로 이슬람교 최고의 성지.

이슬람교의 금식일.

우주에서, 이소연입니다

먼저 직경 5미터가량의 바닥을 고르고 그 가운데에 모닥불 피울 자리를 마련한다. 그리고 주위에 나무를 세워 반구 형태로 낙하산을 두른다. 반구 위에는 다시 원뿔 형태의 천을 두르고 두 개의 천 중앙에 구멍을 뚫어 놓는다. 텐트를 이중 구조로 만드는 이유는 환풍 때문이다. 이론대로라면 모닥불의 연기가 밑으로 역류하는 것을 막을 수 있다.

그러나 이론과 현실은 다르다. 낙하산의 천이 지면을 제대로 덮지 못해 찬 공기가 들어온다. 두 사람은 텐트의 전체적인 높이를 낮추어 이 문제를 해결한다. 말이 쉽지 텐트를 처음부터 다시 만드는 것과 마찬가지다.

텐트 한복판에 모닥불을 피워 본다. 연기의 일부가 역류되어 텐트를 가득 채운다. 숨을 쉬기도 어려울 지경이다. 이번에는 천정의 구멍을 넓혀 문제를 해결하기로 한다. 구멍이 작으면 연기가 빠져나가지 못하고 구멍이 크면 찬 공기가 들어오니 크기를 정하는 것도 문제다. 몇 번의 시행착오 끝에 적당한 크기가 만들어진다.

성공이다. 싸늘했던 텐트 안이 온기로 가득하다. 천정의 구멍은 연기를 스펀지처럼 빨아 당기고 있다. 이제는 벽난로가 딸린 집이 부럽지 않을 정도다.

"푸틴의 별장도 이것만은 못할 걸."

"보드카만 있으면 천국이 따로 없을 텐데."

고산의 농담에 올레크는 또다시 보드카 타령이다. 흡족해하는 두 사람에게 텐트 밖의 옐레나가 손짓한다. 모처럼 밝은 얼굴이다.

"좋은 소식과 나쁜 소식이 있어."

"좋은 소식부터."

"교신에 성공했어. 우리 생각대로야. 임무통제센터는 엉뚱한 곳을 뒤지고 있었어."

이보다 더 좋은 소식이 있을까.

"나쁜 소식은?"

"그쪽 기상이 악화돼서 구조 헬기는 내일에나 띄울 수 있대."

"나쁜 소식은 아니군. 우리가 이 황홀한 별장에서 하루를 더 보낼 수 있다는 뜻이잖아."

다시 식사 시간이다. 메뉴는 비스킷과 트보로크*다. 이번에는 양을 좀 늘려도 무방하련만 세 사람이 먹는 양은 변함이 없다. 만약에 대비하는 자세가 항상 몸에 배어 있기 때문이다.

*우유를 발효시켜 만든 러시아 전통 음식.

식사 뒤에 자리를 정리하던 옐레나가 신음을 한다. 아무래도 다친 곳이 심상치 않아 보인다. 고산이 바지를 걷어 올리자 퉁퉁 부은 발목이 드러난다. 얼마나 심하게 부었는지 바지가 피부에 거의 달라붙은 상태다.

"가볍게 삔 것이 아닌가 봐."

붓기로 봐서는 골절이 분명하다. 그러나 고산은 일부러 대수롭지 않은 표정으로 싱거운 소리를 한다.

"이걸 치료하면 몸무게가 1킬로그램은 빠지겠는데."

"그래도 네 청혼을 받아들일 생각은 없어."

고산은 단단하고 곧은 나뭇가지를 구해 부목을 만들었다. 골절된 발목에 부목을 묶는 동안 옐레나는 이를 악물고 고통을 참아 낸다. 강한 여자다.

다시 해가 떨어진다. 세 사람은 모닥불을 가운데 놓고 가장 편안한 자세를 취한다. 새벽잠을 옐레나에게 양보한 탓일까. 참기 힘든 졸음이 엄습한다.

"고산, 눈 좀 붙여. 혼자서 밤을 꼬박 새우다시피 했잖아."

눈치를 챘는지 옐레나가 당부한다. 올레크도 거든다.

"제발 잠 좀 자. 난 옐레나와 개인적으로 할 얘기가 있다구."

우주에서, 이소연입니다

뭐라고 말을 하고 싶지만 입이 열리지 않는다. 고산은 까무룩 깊은 잠에 빠져든다.

3만 6천 명. 출발선 상에 서 있는 사람들의 숫자였다. 청년처럼 우주를 꿈꾸고 우주의 부름에 성실히 응한 사람들이었다. 그러나 청년은 그 압도적인 숫자에 놀라지 않았다. 놀라움보다 앞선 것은 오히려 반가움이었다. 이렇게 많은 사람들이 같은 꿈을 꾸고 있었구나. 내가 잠결에 들었던 소리를 이 사람들 역시 귀 기울여 듣고 있었구나. 막연한 갈증에 시달리던 청년은 마침내 시원한 샘물을 찾아 마신 기분이었다.

만약 길에서 마주쳤다면 무심코 지나쳤을 회사원들과 가정주부, 앳된 소년과 백발의 노인, 약관의 학생과 책 냄새가 풀풀 풍기는 교수, 건장한 운동선수와 흰 옷을 입은 요리사, 제복 차림의 군인과 경찰, 소방공무원에서 여객기 승무원까지. 너무도 다양한 사람들이 한결같은 눈빛으로 출발 신호를 기다리고 있었다.

물론 우주선에 탈 수 있는 사람은 단 한 명에 불과하다. 그러나 못 타면 어떠랴. 출발선에 선 사람들은 빠짐없이 우주에 가게 될 것이었다. 기억 저편에 화석처럼 파묻혀 있었으나 이제는 수분을 얻어 제 빛깔을 되찾은, 마음속의 우주에.

고산은 꿈속에서 3만 6천을 헤아리다 눈을 뜬다. 한참 잔 것 같은데 시계를 보니 고작 네 시간이었다.

엘레나는 편안한 얼굴로 자고 있다. 그러나 불침번을 서고 있어야 할 올레크가 보이지 않는다. 고개를 내밀고 기웃거려 보니 올레크는 손깍지를 끼고 앉아 허공을 응시하고 있다.

"뭘 보고 있어?"

"즈베즈다Zvezda."

올레크의 얼굴이 사뭇 진지하다. 이 친구도 자작나무와 별을 떠올리고 있는 것일까. 그러나 그의 입에서는 엉뚱한 얘기가 흘러나온다.

"우린 저 별의 과거를 보고 있는 거야. 그것도 며칠이나 몇 달이 아닌, 수백만 년에서 수억 년 전의 과거를."

그의 말은 옳다. 밤하늘에 빛나는 별들은 대개가 항성★이고 가깝게는 수 광년에서 멀게는 수십억 광년이나 지구에서 떨어져 있다. 그러니 별에서 나온 빛이 지구에 도달하는 건 수년에서 수십억 년의 세월이 흐른 뒤가 된다.

스스로 빛을 내는 별.

내가 지금 보고 있는 저 별이 지구에 인류가 등장하기 이전에 일찌감치 폭발해서 사라졌다고 해도 이상할 것이 없다. 결국 내가 보는 건 저 별의 아득한 옛날인 것이다.

"그래서?"

"인간이라는 존재가 얼마나 작고 덧없는 것인지, 그걸 생각해 보고 있었어."

장난기가 많던 올레크가 무슨 고승이라도 된 듯하다. 하기야 우주의 시간에 비하면 인간의 삶이 지나치게 짧고, 우주의 광대함과 견주면 인간들이 복닥대는 지구라는 행성은 먼지만도 못한 것이 사실이다.

그러나 인간에게는 우주의 긴 시간과 광대함을 인식할 수 있는 능력이 있다. 양자量子★로 상징되는 극미極微의 세계도 마찬가지다. 생각해 보면 인간의 마음이 더 위대하지 않은가.

더 이상 나눌 수 없는 에너지의 최소량의 단위.

만리장성도 돌 하나로 시작되었듯 오늘날 걸음마 수준의 우주 과학은 인류가 끝없는 우주를 거침없이 누비게 될 미래의 주춧돌인지도 모른다.

꿈이 있으라. 언젠가는 이루어질 것이다. 내가 못하면 후손이. 후손이 안 되면 그 후손의 후손이 이루어 낼 것이다.

우주에서, 이소연입니다

생각이 여기까지 이르렀을 때 누군가가 지우개로 지우는 것처럼 별들이 사라지기 시작했다. 구름 때문이었다. 뭔가 조짐이 좋지 않았다.

"엄청난 구름인데. 눈보라에 대비해야겠어."

올레크가 스산한 얼굴로 중얼거렸다.

설마 했는데 또다시 눈보라가 손톱을 세우고 달려들었다. 텐트를 뿌리째 뽑아 버릴 것만 같은 기세였다. 시계를 보니 아침 여덟 시. 교신이 재개된다. 임무통제센터와 교신하는 옐레나의 표정이 어둡다.

"헬기가 여기까지 올 수는 없대. 남서쪽으로 12킬로미터가량 이동하라는 지시를 받았어."

"도착 예정 시간은?"

"앞으로 세 시간 뒤."

잠시 침묵이 흐른다. 기상이 조금 악화됐다고는 하나 12킬로미터 정도를 이동하는 것은 세 시간이면 충분하다. 그러나 그들 중 하나는 골절상을 입은 환자였다. 두 사람이 부축을 해서 움직인다고 가정할 때 한 시간에 3킬로미터를 이동하는 것도 만만한 일은 아닐 것이다.

"고산, 그리고 올레크. 너희들부터 움직여. 일단 헬기를 찾은 뒤에 방법을 강구해 봐."

옐레나가 엷은 미소와 함께 무전기를 내밀었지만 두 사람은 고개를 가로젓는다.

"같이 가야 돼. 다른 방법은 없어."

말 그대로다. 세 사람은 함께 가지 않으면 안 된다. 혼자서는 걷지도 못하는 옐레나가 무슨 수로 추위와 눈보라를 이겨 낼 것인가. 만약 기상이 더 악화되기라도 한다면 텐트가 바람에 날아가든지 아니면 눈더미에 파묻힐지도 모를 일이다.

고산은 성큼성큼 밖으로 나간다. 더 이상 머뭇거릴 시간이 없다. 그는 손도끼를 사용해서 모듈 안의 의자 한 개를 떼어 낸다. 그 모습을 지켜보던 올레크의 얼굴에 화색이 돈다.

"무슨 생각인지 알겠어."

올레크가 텐트에서 낙하산을 걷어 내기 시작한다. 순식간에 별장은 사라지고 옐레나의 얼떨떨한 얼굴만 남는다.

"왜 이러는 거야?"

고산이 다짜고짜 옐레나의 몸을 번쩍 들어 모듈의 의자에 눕힌다. 그리고 낙하산 끈으로 옐레나와 의자를 단단하게 결박한다. 그 의자를 낙하산 천 위로 운반하자 썰매가 하나 만들어진다.

"잠은 별장에서 자고 이동은 리무진이라. 이거 정말 근사한 휴가잖아."

올레크가 이마의 땀을 씻어 내며 싱긋 웃는다.

"흠이 하나 있다면 운전기사가 못생겼다는 거지만. 그 정도야 봐줄 수 있지."

계획을 알아차린 옐레나가 살짝 젖은 눈으로 농담을 하는 사이 고산은 숯을 모아 표식을 만든다. 만약의 사태에 대비해서 이동 방

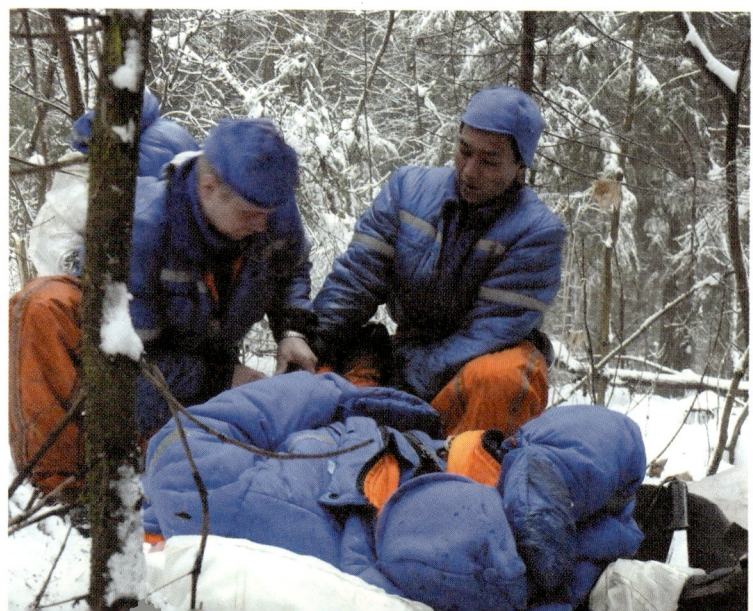

부상당한 옐레나의 다리를
부목으로 고정하고 있다.

향을 표시하는 것이다. 구조대와 만나지 못할 경우 구조대는 이곳
에서 정확한 방향을 잡게 될 것이다.

　모든 준비가 끝났다. 두 사람은 쌍두마차의 말처럼 양쪽에서 썰
매를 끌기 시작한다. 눈 쌓인 설원이라 썰매는 비교적 부드럽게 움
직인다. 문제는 시야를 어지럽히는 눈보라와 갈수록 촘촘해지는
나무들이었다. 나무들이 썰매의 진로를 막으면 빤히 보이는 가까
운 거리도 멀찌감치 돌아가야 한다. 물론 다른 방법은 없었다.

　속도는 생각보다 더뎠다. 나침반이 없었다면 몇 번이나 방향을
잃었을 것이다. 한 시간 쯤 지나자 숨이 목까지 차오른다. 썰매야
눈 위를 미끄러진다지만 사람은 그렇지 않다. 눈이 계속 쌓이면서
발이 무릎까지 푹푹 빠진다. 설피라도 미리 만들어 둘 것을…….
뒤늦게 후회하는 고산이었다.

　"얼마나 남았어?"

　고산의 물음에 옐레나가 GPS를 본다.

　"9킬로미터쯤."

　한 시간에 고작 3킬로미터를 전진했다는 얘기였다. 이렇게 되면
두 시간 안에 9킬로미터를 이동해야 한다. 기상이 악화되고 있는
만큼 헬기는 오래 기다려 주지 못할 것이다. 헬기를 놓치면 꼼짝없

낙하산 썰매를 이용해
옐레나를 끌고가는
고산과 올레크.

이 또 한 번 야영을 해야 한다. 문제는 텐트를 만들 재료가 부족하다는 데 있다. 게다가 옐레나의 상처를 더 이상 방치하면 발을 전처럼 쓰지 못하게 될 수도 있다. 서둘러야 한다.

"그래도 조금 쉬어 가는 게 좋겠어."

두 사람의 지친 모습을 안쓰러운 눈으로 바라보며 옐레나가 말한다. 그러나 에서 멈출 수 없다는 사실을 그녀가 모를 리 없다.

"가야 해."

고산은 누구에게랄 것도 없이 중얼거렸다.

"이만하면 많이 달려온 거라고 누가 그래? 이건 첫걸음이야. 첫걸음만 내딛고 멈출 수는 없어."

그 가을의 오후가 떠오른다. 날짜 상으로는 가을이라지만 늦여름의 열기가 고스란히 남아있던 그날. 서류 심사를 통과한 1만 명의 우주인 후보가 전국 6개 지역에서 기초 체력 평가현장에 섰다. 종목은 3.5킬로미터 달리기. 제한 시간은 23분. 틈틈이 운동을 했던 사람이라면 어렵지 않게 통과할 수 있는 관문이었다. 그래도 관문은 관문이다. 지원자들의 얼굴은 하나같이 진지했다.

그날, 스타트 라인에서 출발 신호는 끝끝내 울리지 않았다. 의아해하는 사람들도 있었지만 그들도 곧 수긍했다. 출발 시간은 자신이 결정하도록 되어 있었던 것이다.

그것을 가능하게 만든 것은 저마다 신발에 부착된 노란색의 스피드 칩이었다. 칩에 내장된 센서는 지원자가 출발 지점을 통과해서 도착 지점까지 도달하는 데 걸리는 시간을 자동으로 컴퓨터에 기록했다. 물론 운영의 편의를 위해 도입한 것이었겠지만 그것이 상징하는 의미도 컸다. 처음부터 판단은 자신이 내려야 한다. 그에 따르는 책임은 물론 자기 몫이다. 요행과 편법 따윈 없다. 자기 자신과 싸워서 승리할 수 있는 사람만이 우주에 갈 자격이 있는 것이다.

청년은 마음 깊숙한 곳에서 울리는 신호를 들었다. 시작이다. 첫 발을 내딛지 않고 무엇을 할 수 있으랴.

청년이 달리기 시작하자 바람이 훅 하고 불어왔다. 산악의 정상에서 맞이했던 바람이었다. 청년은 시간과 체력의 안배를 가늠하지 않은 채 전력을 다해 달렸다. 몸과 마음의 한계를 시험해 볼 요량이었다. 불과 몇 분이 지나자 시야에서 사람들이 썰물처럼 빠져나간다. 속도를 더 올리자 붕 뜨는 기분이다. 땅 위를 달리는 것인지 땅이 발밑으로 굴러가는 건지 알 수 없을 정도다.

〈마라톤〉이라는 영화를 본 적이 있다. 자폐증을 앓고 있는 소년이 마라톤 풀코스를 완주한다는 내용이다.

영화의 마지막 장면에서 소년은 평소에 TV에서 즐겨 봤던 세렝게티Serengeti★초원을 달린다. 얼룩말과 나란히 달리던 소년은 지구상에서 가장 빠른 포유 동물인 치타와 겨루기도 한다.

자폐증 환자에 대한 사회의 몰이해와 편견을 소년이 스스로 극복해 냈음을 상징적으로 보여 주는 장면이다.

'내가 극복해야 하는 건 과연 무엇일까.'

영화를 떠올리던 청년은 스스로에게 되물어 본다. 갈수록 엄중해지고야 말 테스트? 끝내 선발되지 못했을 때의 패배감? 혹은 목적 상실? 너무 무리해서 달렸나 보다. 숨이 턱에 차오르고 땀이 비 오듯 쏟아진다. 다리에 천 근의 무게가 실리면서 눈앞이 몽롱해진다. 생각이 사치가 되어 버리는 순간이다.

이 시점이 한계인가. 마음 한구석에서 그만하면 됐어,라는 소리가 들린다. 달콤한 목소리다.

'그 정도면 합격이야. 나머지 거리는 걸어가도 충분해.'

속도를 줄이기 시작한다. 꽤 오래 달린 것 같은데 시간은 십 분

★ 아프리카 킬리만자로 산 서쪽, 사바나 지대의 중심에 있는 탄자니아 최대의 국립공원.

도 채 지나지 않았다. 이쯤 왔으면 정말 걸어가도 될 것 같은데.

갑자기 이런 생각이 떠올랐다. 혹시 내가 극복해야 할 것은 조금 전의 그 목소리가 아닐까. 다시 속도를 올려 보기로 한다. 마음의 반란에 몸이 거칠게 저항하기 시작한다.

'조금만, 조금만 더 가보겠어. 거기에 무엇이 있는지.'

바로 그때 거짓말 같은 일이 벌어진다. 마음이 일순 고요해지더니 육체를 집요하게 괴롭히던 고통이 스르륵 빠져나갔다.

'뭐지. 이건.'

청년은 바다 깊은 곳에 가라앉아 있었다. 빛도 없고 물결의 흐름도 없는 세계였다. 청년이 팔을 뻗자 묵직한 수압이 느껴졌다. 혀에서는 짠맛이 난다. 여기는 바다로구나. 그런데 어떻게 숨을 쉴 수가 있지?

반딧불 같은 것이 보이나 싶더니 심해어 한 마리가 느릿느릿 지나갔다. 미간에 낚싯줄 같은 것을 매달고 있는 놈이었다. 빛은 낚싯줄 끝에서 스며 나오고 있었는데 아마도 먹이를 유인하는 미끼인 듯했다. 놈이 지나가자 이번에는 반대편에 화사한 무늬들이 나타난다. 자세히 보니 발광 오징어의 무리였다. 녀석들은 빛으로 대화를 나눈다고 했던가.

심해라고는 하지만 알 수 없는 아늑함 같은 것이 느껴졌다. 그리움과도 비슷한 느낌이었다. 인간이 바다 생물로부터 진화했다면 바다는 인간의 고향이 된다. 이 아늑함은 그래서인가. 그러나 아늑함은 오래가지 않는다. 갑자기 주위가 뜨거워진다. 쿨렁쿨렁 떠오르는 기포들이 보인다. 기포는 바닥에서 솟아나고 있다. 심해에서 뜨거운 물이 솟구치다니, 이것이 말로만 듣던 열수공★인가?

참을 수 없는 뜨거움 때문에 청년은 환상에서 깨어났다. 정신을 차려 보니 길이었다. 청년은 길 위에 서 있었고 머지않은 곳에 종착

★ 바다 화산이 폭발해서 형성된 분화구.

우주에서, 이소연입니다

신호탄을 터뜨린 올레크.

점이 보였다. 누군가가 가쁜 숨을 몰아쉬면서 청년의 어깨를 두드리고 지나갔는데, 아마도 격려의 손길인 듯했다.

청년은 문득 걷기 시작했다. 길이 있는 곳에서 모든 것이 시작됐지만 이제는 길이 없는 곳으로 가야 하리라. 청년은 한계를 잠시 넘어섰던 자신의 육체를 종착점으로 밀어 넣었다.

다행히 눈이 멎었다. 바람도 고요하다. 북극권의 날씨는 처녀의 마음 같다더니 과연 변덕스럽기 이를 데가 없다. 어쨌거나 악전고투하던 세 사람은 짐 하나를 던 셈이다. 목적지까지 남은 거리는 2킬로미터가량. 남은 시간은 20분 정도다. 작은 숲 하나를 지나자 새하얀 설원이 펼쳐진다. 마치 한 폭의 도화지 같다. 세 사람이 그 도화지에 직선을 죽 그으며 나아간다.

언제부턴가 고산과 올레크는 말이 없다. 고작 말 한마디에 소모되는 에너지 때문에 주저앉을 수도 있기 때문이다. 일단 주저앉으면 다시는 일어설 수 없다는 사실을 두 사람은 잘 알고 있다. 생각이 사치스러운 시간이다. 고산은 또다시 어둠 속을 부유하는 느낌을 받는다. 이번에는 심해가 아니라 무중력의 우주다.

'그래, 난 우주를 다녀왔지. 우주는 언제나 이런 느낌이었어.'

고산은 산 위에서 자신에게 약속했던 대로 우주에 갔다. 그곳엔 우주정거장과 여러 나라에서 온 우주인들, 그리고 터무니없이 작아 보이는 지구가 있었지만 잠결에 들었던 목소리의 주인공은 끝내 찾지 못했다. 그러나 목소리 대신 어머니의 자궁과 같은 편안함이 있었다. 기이한 일이었다.

언제 다시 갈 수 있을까. 다녀온 지 사흘도 되지 않았지만 고산은 우주가 눈물이 핑 돌 정도로 그리웠다.

바다가 인간의 고향이라면 우주는 지구의 고향이다. 이제 고산은 앞에 놓인 많은 세월을 지독한 향수 속에서 살아가게 될 것이었다.

눈물 한 방울이 설원에 떨어졌다. 그리고 그것이 마치 신호라도 되듯 두 사람은 그 자리에 쓰러지고 말았다. 환청인가. 멀리서 헬기 소리가 은은하게 들려왔다. 옐레나가 외마디 소리와 함께 움직이는 것을 보니 환청은 아닌 듯했다.

결국 해냈구나. 고산은 얼굴을 눈에 파묻은 채로 중얼거렸다.

기어이 돌아왔다. 내가 돌아와야 할 곳에.

올레크가 하늘을 향해 신호탄을 쐈다. 요란한 소리 때문에 눈 속에 숨어 있던 뇌조들이 일제히 날아올랐다.

고산은 눈 속에서 잠이 들었다. 모처럼 깊고 편안한 잠이었다.

이상한 변화

이상한 일이다. 요 며칠 사이에 가가린 우주센터의 공기가 달라진 것 같다. 공기가 아니라 마치 차가운 유리 같다. 손가락으로 튕기면 쨍, 하고 금이라도 갈 것 같은 느낌이다.

눈길만 마주쳐도 활짝 웃어 주던 교관과 트레이너들도 웃음을 잃은 것 같다. 그들은 항상 긴장한 상태였고 별것도 아닌 일에 허둥대기도 했다.

'무슨 일이지?'

소연은 갑작스러운 변화를 이해할 수 없었다. 고산에게 물어보고 싶었지만 그 또한 어디에 있는지 보기 힘들었다.

'푸틴 대통령이 불시에 방문했다고 해도 이 정도는 아닐 텐데.'

소연은 고개를 흔들어 상념을 정리했다. 무슨 일이 벌어지고 있는 건지 알 수는 없지만 분위기에 휩쓸리는 것은 싫다. 훈련에 열중하다 보면 다들 제자리를 찾아가겠지.

소연은 훈련장으로 나간다. 동료인 막심 서라예프와 올레크 스크피포크카가 대화를 나누고 있다가 소연을 보고 눈인사를 건넨다. 막심과 올레크는 소연과 함께 훈련을 받아온 예비 우주인들이다. 원래 소연은 막심을 좋아했다. 그는 예비조의 커맨더였는데 나이에 맞지 않게 장난을 좋아하는 개구쟁이였다. 그러나 덜렁대는 모습과는 달리 소연을 보이지 않게 배려해 주는 섬세함이 있었다. 그 막심의 얼굴이 오늘은 무척이나 심각해 보인다.

"커맨더. 애인한테 차이기라도 했어? 왜 그렇게 심각해."

올레크의 얼굴을 잠시 바라보며 무언의 동의를 구하던 막심이 놀라운 얘기를 한다.

"소연, 우린 여기서 헤어져야 할 것 같아."

"그게 무슨 소리야?"

소연은 깜짝 놀랐다. 헤어지다니. 도대체 무슨 일이 있길래.

"그렇다고 해서 멀리 떨어진다는 얘기는 아니고 소연은 곧 세르게이 커맨더와 함께 훈련을 받게 될 거야."

세르게이 커맨더? 탑승조의 세르게이 볼코프?

"도대체 그게 무슨 뜻이지? 세르게이는 탑승 우주인이잖아. 그가 우주에 못 가게 됐대?"

"그게 아니라……. 소연이 우주에 가게 됐다는 말을 하고 있는 거야."

소연은 막심의 말을 이해할 수 없었다.

'내가 우주에 간다고? 고산과 함께?'

"우리가 축하한다는 말을 함부로 할 수 없는 이유가 있어. 고산이 탑승조에서 빠지게 됐거든."

소연의 마음속에서 쿵, 하는 소리가 났다.

'고산이 우주에 못 가게 됐다고? 도대체 왜?'

"이유는 곧 알게 될 거야, 소연. 그리고 우리가 하고 싶은 말은 이거야. 너는 누구보다도 잘해 낼 수 있어. 예비조에서 건투를 빌어 줄게."

소연이 멍한 기분으로 하루를 보내고 있는데 뜻밖의 손님이 저

우주에서, 이소연입니다

녁에 찾아왔다. 백홍열 항공우주연구원 원장이었다.

"욕심이 이런 결과를 낳은 거야. 지식에 대한 욕심."

백 원장은 탄식을 하고 있었다. 한국에서 다급하게 날아왔음에도 불구하고 그는 피로를 느낄 겨를도 없는 듯했다.

백 원장의 말은 이랬다. 지난해 9월, 고산은 한국으로 보내는 짐을 꾸리는 과정에서 실수로 훈련 교재를 넣은 적이 있다. 뒤늦게 이 사실을 알고 교재를 회수했지만 결과적으로 이 교재는 한 달 이상 외부에 유출된 셈이었다. 물론 타인이 이것을 봤을 가능성은 전혀 없었다. 당시만 해도 러시아 연방우주청에서는 이 사건을 단순한 실수라고 여기는 분위기였다. 가벼운 경고만으로 일이 매듭지어진 것도 그 때문이었다.

그런데 문제가 된 것은 한 달 전의 일이었다. 고산은 다른 우주인으로부터 우주선 조종에 관한 매뉴얼을 빌려다 보았는데 이것이 연방우주청의 분노를 산 것이었다.

연방우주청의 규정상 우주인이 자기 임무와 관계없는 교재를 빌려서 사용하는 것은 규정 위반이었다. 결국 이 문제로 한국우주인 관리위원회에서 심도 있는 협의를 통해 탑승 우주인을 교체하기로 결정하였다.

소연과 고산은 가가린 우주센터에 입소할 때 규율에 위배되는 개인 행동을 하지 않겠다는 내용의 서약서에 서명한 적이 있었다. 당시에는 가벼운 마음으로 서명을 했지만 그 서약이 이토록 엄청난 결과를 낳을 수도 있다는 사실을 두 사람은 알지 못했던 것이다.

"어쨌거나 바통은 이제 이소연 씨에게 넘어갔어."

백 원장이 우려와 기대가 섞인 눈으로 소연을 바라보았다.

"소연 씨는 고산 씨 몫까지 합쳐서 잘해 낼 거야. 그렇지? 어차피 똑같은 훈련을 받아 왔잖아."

소연은 아무 말도 할 수 없었다. 목이 멘 채로 고개만 끄떡일 뿐이었다. 하루아침에 두 사람의 위치가 바뀌고 말았다. 그것도 발사를 불과 한 달 남긴 시점에서.

소연은 세르게이 볼코프, 올레그 코노넨코와 함께 훈련을 재개했고, 고산은 막심 서라예프, 올레크 스크리포크카와 함께 예비 우주인의 신분으로 훈련을 시작했다.

소연은 고산이 일련의 사건으로 인해 큰 충격을 받았을 거라고 생각했는데, 그의 표정은 의외로 담담했다. 확실히 강한 사내였다.

우연히 둘만 남게 되었을 때, 소연은 하마터면 미안하다고 말할 뻔했다. 그러나 어떤 강렬한 생각이 소연의 행동을 제지했다.

'미안하다니. 우리가 고작 고산이나 이소연이라는 자연인을 우주에 보내는 거야? 우리가 보내는 건 대한민국의 우주인이야. 대한민국의 미래와 꿈이라구. 우리는 단지 그것을 어깨에 실어 나르는 전령일 뿐이잖아.'

이런 생각을 아는지 모르는지 소연을 한동안 물끄러미 바라보던 고산이 손을 내밀었다.

"먼저 다녀와."

간단한 한마디였다. 소연은 그 손을 힘 있게 잡았다. 그리고 이렇게 말했다.

"인사는 필요 없어요. 같이 가는 거잖아요, 우린."

새 커맨더 세르게이 볼코프는 특이한 이력을 가진 사람이다. 그는 가가린 우주센터에서 태어났고 그곳에서 자랐다. 그의 아버지가 러시아의 우주 영웅 알렉산더 볼코프였기 때문이다.

알렉산더 볼코프는 3차례의 우주 비행을 통해 우주에서 391일을 보낸 베테랑 우주인이었다. 특히 1991년 10월에는 소유스 TM-13호를 타고 미르 우주정거장을 방문했는데, 원래는 서너 달 후에 돌아올 예정이었다. 그러나 우주정거장에 있던 우주인들을 먼저 내려 보내라는 명령을 받은 그는 무려 175일이나 우주정거장에 머무르게 된다.

덕분에 그는 미르 정거장의 마지막 소련 시민이라는 명예를 얻게 되었다. 그가 우주에 있는 동안 소련이 붕괴되고 독립 국가 연합이 탄생했으며, 쿠데타 시도로 공산당은 신뢰를 잃고 미하일 고르바초프는 정계에서 사라졌다. 알렉산더가 지구로 돌아왔을 때, 조국은 완전히 다른 세상으로 변해 있었다. 떠날 때 그는 소련의 시민이었지만 돌아왔을 때는 러시아의 시민이었다.

이런 아버지 덕분에 세르게이도 별 망설임 없이 우주비행사의 길을 선택했다. 그는 우선 전투기 조종사가 되었다가 1997년에 우주인으로 선발됐다.

"우리 교관들 중에 상당수는 아버지가 훈련받을 때에도 참가했던 사람들이야. 그들이 내게 해주는 가장 큰 칭찬은 '오늘의 네 모습은 네 아버지보다 훌륭했어' 라는 거지."

처음엔 무뚝뚝한 '바른 생활 사나이'로 생각했는데, 알고 보니 소탈하고 속이 깊은 남자였다.

또 하나의 새 동료 코노넨코는 과학자 출신으로 커맨더보다 아홉 살이나 위였다. 그는 항상 진지하고 말을 아꼈다. 그러나 기계를 다루는 손길은 여자를 대하듯 섬세하기 이를 데가 없었다. 소연은 두 사람이 자못 든든하게 여겨졌다.

세 사람은 한 팀으로 우주에 가게 될 것이었지만 돌아올 때는 한 팀이 아니었다. 세르게이와 코노넨코는 10월까지 우주정거장에 머무를 예정이었기 때문이었다. 대신에 소연은 돌아올 때 우주정거장에서 생활하던 두 명의 우주인—미국의 페기 윗슨과 러시아의 유리 말렌첸코와 팀을 이루게 된다.

'세상에, 페기 윗슨과 한 팀이 되다니.'

처음에 이 소식을 들은 소연은 기쁨으로 가슴이 터질 것만 같았는데, 거기엔 그만한 이유가 있었다.

페기 윗슨Peggy Whitson은 1960년생으로 1996년에 우주인으로 선발된 생화학자겸 우주 비행사다. 그녀는 2002년에 우주 왕복선 엔데버호를 타고 국제우주정거장을 처음 방문했고, 2007년 10월에 두 번째로 방문했을 때는 세계 최초의 여성 커맨더였다.

그녀는 2007년 10월부터 계속 우주정거장에서 생활하고 있는 만큼, 소연과 함께 지구에 돌아온다면 지구 궤도에 가장 오래 머무른 미국인 우주 비행사의 명예를 차지하게 되는 셈이었다.

발렌티나 테레시코바도 훌륭한 여류 우주 비행사였지만 페기 윗슨도 그에 못지않은 철인이었다.

'페기, 조금만 기다려요. 당신을 마음 깊이 존경하는 사람이 그쪽으로 날아갈 테니까.'

잠시 소연은 어린아이의 마음이 되어 이렇게 되뇌어 보았다.

우주에서, 이소연입니다

스타시티에서 보낸
1년간의 기록

이소연 씨의 훈련일기 중에서 주요 부분을 발췌하여 요약 정리하였습니다.

**러시아 가가린
우주 센터에
입소**

2007년 4월

처음 선발 과정 중에 왔었던 이곳 '별의 도시Star City'의 첫인상은 최종 우주인 후보가 되어 1년 동안 여기에 머물게 되면 어쩌나 하는 걱정이 들 정도로 삭막한 곳이었습니다. 하지만 지금 제가 느끼는 '별의 도시'는 엄청난 기회로 가득 찬 곳입니다. 50여 년의 유인 우주 기술은 물론이고, 전 세계 수많은 우주인들을 만날 수 있고, 또 그들에게 배울 수 있는 것으로 넘쳐 나는 곳이기도 합니다. 이곳은 모스크바 지도에서는 찾기도 힘들 만큼 아주 작은 곳이지만, '가능성의 지도'가 있

가가린 우주센터
입소식 장면.

190

다면 그 어디보다 커다랗게 그려질 곳입니다.

그런 이곳에서 할 일이 너무나 많습니다. 얼른 러시아어를 공부해서 교육과 훈련도 잘 받아야 하고, 많은 우주인들을 만나고 그들과 함께 호흡하며 한국도 알리고, 또 받은 것을 여러 사람들과 함께 나눠야 하고……

좋아하는 사람은 즐기는 사람에 미치지 못한다는, 예전 중학교 시절 한문 시간에 배웠던 말이 잠깐 머리에 스쳤습니다. 정말 최선을 다해 이곳에서의 훈련과 생활을 즐겁게 받아들이고 싶습니다. 조용하고 고풍스러운 풍경과 수많은 별들이 반짝이는 하늘도, 앞으로 1년간의 이곳 생활에 많은 도움이 될 듯합니다.

아직은 입에 맞지 않은 러시아 음식도 곧 즐기게 될 것이고, 낯선 발음과 낯선 글자의 러시아어로 수다를 즐길 날도 머지않아 올 것이라 기대합니다. 그리고 언젠가 우연히 찾아오는 행운이 더욱 커지게 하기 위해서는, 꾸준한 노력이 필요함을 다시 한 번 명심해야겠습니다.

본격적인 훈련이 시작되었다!

2007년 5월

드디어 첫 시간, 소유스의 전체 구조를 파악하기 위해, 소유스 실물 모형을 간단히 소개하는 시간으로 시작되었습니다. 이제까지 러시아어 교육을 받던 곳과는 다른 건물 앞에서 통역 장교를 만난다는 것부터가 설렘의 시작이었습니다. 물론 지난 2006년 12월 선발 테스트를 위해 이곳 스타시티에 왔을 때, 우주복을 입어 보고 소유스 모형을 보기 위해 들렀던 건물이어서 낯선 곳은 아니었습니다. 그러나 훈련을 위해 다시 찾은 이곳은 또 다른 느낌으로 다가왔습니다.

교육은 탑승 해치가 있는 가장 윗부분인 거주모듈Habitational Module에서부터 시작되었습니다. 거주모듈에는 우주식을 보관하는 선반과 식사를 위한 식탁, 화장실, 음료수 저장고까지 말 그대로 거주를 위한 시설들이 있는 곳이었습니다. 내부 전체 벽이 흔히 우리가 '찍찍이'라고 부르는 벨크로 재질로 되어 있었고, 그 위에 띄엄띄엄 띠가 붙여져 있었는데 무중력 상태에서는 모든 물건들이 둥둥 떠다니기 때문에 벽에 고정시켜

두기 위해 설계된 것이었습니다.

　기본 생활을 위한 시설 뿐 아니라 거주모듈에는 우주정거장과 도킹할 때 이용되는 자동 도킹 시스템, 내부 공기 정화 및 습도 조절 시설, 여러 시설들을 조정하기 위한 계기판 등이 있었습니다. 하나하나 설명을 들으며 다시 둘러보게 된 소유스 모형은 예전 선발 때 "와~ 멋지다!"라고 생각하면서 그냥 지나치던 소유스 모형과는 달랐습니다.

　이제는 본격적인 훈련이 시작되었다는 생각이 듭니다. 각 단계의 훈련이 끝나면 시험도 보게 됩니다. 어떤 때는 가끔 고등학생이나 대학생 때로 다시 돌아간 듯한 생각이 듭니다. 하루 종일 수업과 같은 훈련을 받고 숙제도 있고 예습 복습도 해야 하고, 또 오랫동안 메보지 못했던 책가방을 메고 다니게 된 것입니다. 물론 몰래 수업을 빠지거나 수업 시간에 친구 등 뒤에서 졸 수도 없고, 쉬는 시간에 도시락을 몰래 먹을 수도 없습니다. 훈련생 단 두 명과 선생님이 함께한 수업이라는 것은 너무나도 많이 다릅니다. 그러나 무엇보다 다른 것은 그때보다 훨씬 큰 책임감과 신비로움입니다. 몰래 도시락을 먹는 스릴이나 함께 뒹굴었던 개구쟁이 친구들은 없지만, 그것이야말로 이곳에서 저를 이끌어 주는 커다란 원동력이 아닐까 생각됩니다. 대한민국 대표로서의 책임감을 갖고 "우주로 가는 그날까지 항상 즐겁게 신나게 즐기면서 훈련을 받아야지!" 하며 오늘도 다시 한 번 다짐합니다.

소유스 로켓 모형 안에서 이소연.

세계의
여성
우주인들

2007년 6월

영광스럽게도 이곳에서 훈련이 시작되고 얼마 되지 않아 발렌티나 테레시코바를 직접 뵙고 이야기할 기회가 있었습니다. 4월 12일 우주인의 날을 기념해, 전날 이곳 별의 도시에서는 퍼레이드와 축하 행사가 있었고 그 이후 리셉션이 있었는데, 그곳에 그녀가 참석한 것입니다. 저도 러시아 우주인과 함께 참석했는데, 그곳에서 그녀를 직접 만나 뵙고 이야기도 나눴습니다.

러시아에도 여성 우주인은 많지 않은데, 한국에서 이곳까지 와서 훈련을 받느라 수고가 많다고 하면서 격려해 주었습니다. 꼭 성공적인 비행을 하길 바란다고 등을 토닥여 주고, 주변의 여러 관계자 분들에게 잘 좀 도와주라고 부탁까지 해주었습니다. 역시나

페기 윗슨과 함께.

러시아의 국민 영웅다운 카리스마는 물론이고, 러시아어도 서투른 저를 격려해 주는 여유와 배려까지 가진 분임을 바로 느낄 수 있었습니다.

마지막으로 소개하고 싶은 여성 우주인은 페기 윗슨Peggy A. Whitson입니다. 물론 이곳 별의 도시에서 처음으로 나사NASA 숙소 저녁 식사에 초대받아 만났을 때부터, 강한 여성 우주인의 이미지로 저의 눈길을 사로잡았습니다. 뿐만 아니라, 영국 저널리스트인 렉스Rex로부터 받은 《여성 우주 비행사들Women Astronaut》이라는 책에서 읽게 된 페기는, 우주인을 준비하는 저에게 본보기가 되는 우주인이었습니다. 그 책에 따르면 그녀는 우주인 훈련을 받기 전부터 존슨 우주 센터Johnson Space Center에서 연구자

로 일했었고, 그동안 우주 실험에서 이용되는 실험 기기 개발에 참여했으며, 특히 우주에서 냉동기 없이 혈청을 추출할 수 있는 기구 발명에는 직접 참여한 발명가이기까지 했습니다. 얼마 전 일본 우주항공개발기구JAXA 우주인이 초대한 저녁 식사에서도 우주 비행 및 우주 유영에 대한 여러 가지 이야기들을 해주었는데, 그곳에 모인 우주인 모두를 그 이야기에 빠져 들게 하는 카리스마를 발휘했습니다. 2007년 10월, 말레이시아 최초 우주인과 함께하는 비행에는 당당히 커맨더로 비행을 함께하게 될 것이라고 합니다.

이곳에 와서 훈련을 받는 것은 물론이거니와, 이렇게 멋진 여성들을 만나고 그로 인해 동기 부여를 얻을 수 있는 것 또한 저에겐 너무나 감사한 일입니다. 언젠가 멋진 여성 우주인이 되기 위해 최선을 다하는 누군가가 저를 보면서 도전을 꿈꾸게 될 날을 기대합니다. 그때 부끄럽지 않은 멋진 여성 우주인이 되기 위해서는 지금이 너무나도 중요한 시간임을 명심해야겠습니다. 오늘은 특별히 멋진 꿈을 간직하고, 또 그 꿈을 향해 최선을 다해 노력하는 대한민국의 당찬 여성들에게 '파이팅!' 을 보내고 싶습니다.

우주도 식후경

2007년 8월

우주식이 지구에서의 식사와 다른 것은 '무중력' 이라는 환경 때문일 것입니다. 우주에서의 모든 음식은 완전히 밀봉된 비닐 팩이나 튜브, 캔 등에 담겨 있습니다. 무중력 때문에 떠다니는 음식을 고정하기 위해서도 특수한 용기가 필요하지만, 혹 찌꺼기 하나라도 공중에 떠다니다 기계에 들어가 이상을 일으키는 위험 때문에도 음식물들은 모두 특수한 용기에 담겨 있어야 합니다. 결국 지구 상에서처럼 시원한 물을 컵으로 벌컥벌컥 들이마시거나 멋지게 칼질을 하면서 식사를 할 수 없습니다.

그럼 이러한 우주식의 식단은 어떻게 성해지는 것일까요? 놀랍게도 우주식의 종류는 현재 150여 종이나 있습니다. 포장의 한계나 우주인의 수가 많지 않다는 여러 가지 생각 때문에 우주식의 종류가 그렇게 많을 것이라고는 생각하지 못했습니다. 실제로 우주 비행 전 우주인은 그 150여 가지의 음식을 미리 맛보고 채점을 하게 되며, 그 채점을

바탕으로 우주식이 80여 종 정도 선택됩니다. 의학 전문가들은 이 80여 종의 우주식을 바탕으로 우주인의 개별 식단을 짜고, 여러 단계의 검토를 거쳐 10일 주기로 바뀌는 우주인의 개별 최종 식단을 결정합니다.

현재 우리나라도 한국 우주인을 위한 우주식을 개발하고 있는 것으로 알고 있습니다. 입맛을 잃기 쉬운 우주에서 '매콤하고 감칠맛 나는 한국 김치가 우주인들의 입맛을 되찾게 도와줄 수 있지 않을까?' 하는 생각도 해봅니다.

얼마 전 한국 음식을 함께 나누던 식탁에서 매콤한 고추장 양념을 한 비빔국수를 맛나게 먹던 우주인들이 생각납니다. 비록 상다리가 부러지도록 차릴 수 있는 환경은 아니더라도 우주에 올라갔을 때 입맛을 잃은 우주인에게 매콤한 우리 음식을 대접할 수 있었으면 하는 바람이 듭니다.

국제우주정거장에 올라가서 장기 체류를 하는 우주인에게 한국 우주식을 또 하나의 보너스 메뉴로 선물하면 어떨까 하는 생각도 듭니다. 아마도 감칠맛 나는 한국 음식은 우주식으로 만들어도 인기가 많을 것이 분명합니다. 아니, 매번 우주식을 선택할 때마다 많은 우주인들에게 선택되어 인기 메뉴가 될지도 모르겠습니다.

여러 가지 우주 식품들.

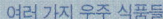

가까이
조금 더
가까이

2007년 12월

어느새 러시아에서 받는 훈련도 후반기에 접어들었습니다.

눈이 내려 쌓이기 시작하고 흡사 지난 3월 입소식을 하고 훈련이 시작되었을 때와 비슷한 풍경을 접하게 되니 벌써 같은 계절이 다시 돌아오게 된 것에 문득문득 놀라게 됩니다. 그리고 매번 비슷한 일과를 보내는 것 같은 느낌이지만, 많은 부분에서 변화가 있었음을 깨닫게 됩니다. 물론 훈련 내용도 예외는 아닙니다. 초반에는 러시아어 수업이 날마다 4시간씩이었고, 우주선 시스템에 관련된 훈련의 경우도 이론 수업이 상당히 많았던 것에 반해, 최근의 훈련 일정에는 러시아어는 4시간씩 일주일에 두 번뿐이고, 우주선 시스템에 관련된 훈련과 실제 우주선 모형에 들어가 실습하는 시간이 꽤 많이 늘어났습니다.

특히 최근 받게 된 소유스 탑승 데이터 파일Soyuz on-board data file에 관련된 훈련의 경우에는, 소유스에 탑승해서 발사부터 귀환까지를 전부 체험해 볼 수 있는 훈련이었습니다. 모든 내용이 영어와 러시아어로 써진 국제우주정거장 데이터 파일과는 다르게 러시아의 소유스 우주선 데이터 파일은 전부 러시아어로 작성되어 있다는 점에서 어려운 부분도 있었습니다. 무엇보다 1년간의 짧은 훈련 기간 탓에 소유스 우주선의 조종 교육을 받지 않았기 때문에 전체 소유스 탑승 데이터 파일을 이해하는 데 많은 어려움이 있었습니다.

하지만 실습이 시작되고 실제 눈으로 확인하고 손으로 버튼을 눌러 보면서 설명을 듣기 시작하니 이론 수업을 받을 때의 안개가 살짝 걷히는 듯한 느낌이었습니다. 발사 때의 엔진 소리, 그리고 대기권을 벗어나 창밖으로 보이는 지구의 모습, 착륙 시의 충격을 줄이기 위한 엔진 소리까지 경험할 수 있는 소유스 모형 안에서 실습을 하다 보니, '우주선을 타고 지구 바깥으로 나가면 이런 광경을 보게 되겠구나!' 하는 생각이 들면서 좀 더 우주와 가까워진 것 같은 생각이 들었습니다. 그리고 다시 한 번, 우주선은 물론이고 우주인을 태워 보내기 위한 훈련 과정과 우주선 모형들을 제작한 러시아의 우주 기술을 피부로 느낄 수 있었습니다.

이렇게 훈련이 계속 될수록 조금씩 우주와 가까워지는 것 같은 느낌이 듭니다.

훈련 과정도 우주 비행의 일부라고 하는 러시아 우주인들의 말을 이제야 어느 정도 공감을 할 수 있을 것 같습니다. 이렇게 한걸음 한걸음 우주와 가까워지면 언젠가는 우주에 가 있을 것 같다는 착각이 들기도 합니다. 아니, 정말 이렇게 조금씩 나아가면 우주

197

가가린 센터 내
이소연의 숙소.

에 갈 수 있을지도 모르겠습니다.

　'천릿길도 한 걸음부터' 라는 우리 속담도 있잖아요.

탑승 우주인 변경에 대한 소감문

2008년 3월

　　　　　　갑자스럽게 통보된 새로운 임무에 당황한 것이 사실이지만 이러한 갑작스러운 상황에 대처하는 것 또한 우주인이 갖춰야 할 부분이라고 생각됩니다. 최종 우주인 선발 이후, 제 목표는 탑승 우주인이나 예비 우주인이 아닌 최고의 우주인이 되는 것이었습니다. 그 어느 때라도 임무가 바뀌게 되었을 때, 바로 그 상황에 빠르게 대처하여 임무를 성실히 수행할 수 있는 우주인이야 말로 최고의 우주인일 것이라 생각됩니다. 지금 이 상황이 그러한 우주인의 자질을 판단할 수 있는 상황인 것 같아, 저에게는 더욱 큰 부담이 있습니다.

　그러나 이제까지 훈련을 받고, 대한민국 최초 우주인으로서 노력했던 것처럼, 앞으로도 변함없이 노력하는 것만이 최선이라 생각됩니다.

　지난 2006년 12월, 최종 2명의 우주인 후보가 되었을 때에도, 그리고 2007년 9

월 예비 우주인으로 선정 되었을 때도, 그리고 지금도, 제가 최선을 다 할 수 있는 기회를 얻은 것이고, 그러한 기회를 얻게 된 것에 대해서 어떠한 방법으로든 대한민국 국민들에게 보답해야 하는 의무를 가졌음에 틀림없습니다.

그리고 그 보답은 우주 비행을 통한 것뿐만 아니라, 그 이후 우리나라 과학 기술에 기여함으로써 꾸준히 갚아 나가야 할 것이라 생각합니다.

2008년 4월 8일, 한국 최초 우주인은 혼자 우주정거장을 향해 가는 것이 아니라, 우주인으로서 이제까지 같이 훈련받은 다른 한 명은 물론, 대한민국 국민 모두의 꿈을 싣고 우주에 가는 것이라 생각합니다. 그 소중한 꿈들을 확실히 우주에 전달할 수 있도록 최선을 다하겠습니다. 그리고 그 무엇보다 우리나라 과학 기술의 밝은 미래를 기대하며 보내주시는 국민 여러분의 응원이 가장 큰 힘이 된다는 것을 말씀 드리고 싶습니다. 남은 한 달 동안 열심히 준비하고, 또 우주정거장에서 대한민국 최초 우주인으로서 그 임무를 완전히 수행할 수 있도록 노력하겠습니다.

그리고 국민 여러분들의 믿음, 기대, 응원이 헛되지 않도록 저의 모든 에너지와 열정을 쏟아 낼 것을 약속드립니다.

04

287초. 2단 로켓이 분리된다.
525초. 마지막 3단 로켓이 떨어져 나간다.
현재 고도는 242킬로미터. 갑자기 자세가 편해진다.
몸이 종잇장처럼 가벼워지는 느낌이다.
"우주에 온 것을 환영합니다. 여러분!"

2008년 4월 8일, 우주는 꿈이다 **발사** 發射

바이코누르로 이동하다

비행기의 창밖으로 벌써 몇 시간째 똑같은 풍경이 계속되고 있
다. 가끔 머리카락 같은 실개천도 보이지만 대부분의 풍경은 초원
이다.

"굉장히 큰 나라군요. 카자흐스탄은."

소연이 감탄을 했다.

"영토의 크기만 놓고 보면 세계에서 다섯 손가락 안에 들 걸."

커맨더 세르게이의 말이었다. 그들은 소유스 우주선이 발사되는
카자흐스탄 바이코누르로 이동하는 중이었다. 2008년 3월 26일.
그러니까 D-13이었다.

"아깝네요. 우리나라 사람들 같으면 땅을 저런 식으로 놀리지
않을 텐데."

"한국 사람들 부지런한 건 유명하지. 자원이 없고 국토도 작은
데 잘사는 걸 보면 대단해. 비결이 뭘까?"

"우리에겐 사람이 자원이거든요."

"그렇겠지. 소연은 그중에서도 다이아몬드고."

"저는 다이아몬드보다는 흑연이 좋아요."

"왜?"

우주에서, 이소연입니다

"몸을 바쳐서 기록을 남기잖아요. 시詩도 남기고, 공식도 남기고."

"맞았어. 우주정거장에도 기록을 한번 남겨 봐."

비행기가 천천히 고도를 낮추기 시작한다. 꿈에 그리던 곳 바이코누르였다. 바이코누르는 구소련이 우주 개발을 위해 50년대에 막대한 비용과 인력을 동원해서 건설한 우주 도시다.

미국 같은 경우는 귀환하는 우주선을 바다에서 회수하기 위해 바닷가에 발사대를 건설했지만, 소련은 아무것도 없는 초원에 발사 기지를 건설했다. 우주선을 회수하기도 쉬운데다가 비밀을 유지하기도 용이했기 때문이었다.

게다가 바이코누르는 강수량이 적고 쾌청한 날씨가 많아서 우주선을 발사하는 데 유리했다. 소련은 허허벌판에 철도를 깔고 병사들을 동원해서 막사를 지었다. 물이 부족하고 일교차가 워낙 심해서 막사에서 생활하던 병사들은 엄청난 고생을 했다고 한다. 그들의 노력이 헛되지 않아 건물들이 하나 둘 들어서고, 바이코누르는 군軍과 민간인이 조화를 이루며 살아가는 도시가 됐다. 물론 시민의 대부분은 우주 산업에 종사하고 있다.

그러나 90년대에 소련이 해체되면서 바이코누르는 새로 독립한 카자스흐탄의 땅이 되었다. 그래서 러시아 정부는 카자흐스탄 정부에 많은 돈을 주고 바이코누르를 임대하는 방법을 선택했다. 시민의 상당수는 여전히 러시아인이고, 사회주의 국가답게 거리에는 간판이 드물다. 밤이 되면 도시의 대부분은 암흑천지가 된다.

바이코누르에는 소유스 우주선의 발사대가 있고 러시아의 천재 세르게이 코롤료프가 세운 우주 박물관, 소유스의 제작 회사인 '에네르기야'의 거대한 공장, 그리고 발사 때까지 우주인들이 머물 우주인 호텔이 있었다.

전통적으로 우주인들이 머무는 우주인 호텔에서 소연에게 배정

발사대로 이동하는
소유스 로켓.

된 방은 301호였다. 301호는 원래 여자 우주인들이 쓰는 방이었고
소연은 우주선이 발사될 때까지 그곳에 머물게 될 예정이었다.

예상외로 방의 구조는 단순했다. 침대, 책상, 소파 등 기본적인
가구들이 중앙아시아 특유의 알록달록한 천으로 장식되어 있을 뿐
이었다.

그러나 호텔은 수영장, 헬스장 같은 편의 시설을 별도로 갖추고
있어서 운동을 하는 데에는 문제가 없었고, 또 호텔 옆으로 흐르는
작은 강은 산책 코스로도 그만이었다.

무엇보다 소연을 들뜨게 한 것은 301호의 방문에 그려진 몇 개의
사인이었다. 그 사인은 301호에 머물던 여자 우주인들의 것이었는
데, 놀랍게도 현재 우주정거장의 사령관인 페기 윗슨의 이름도 적혀

발사 전 우주인들이 머무는
우주인 호텔.

있었다.

　벌써 1년 전인 가가린 우주센터의 입소식 때, 소연은 발렌티나 테레시코바를 만나 본 일이 있었다. 당시 일흔 번째 생일을 맞았던 그녀는 넘을 수 없는 산과 같은 모습이었다. 그런데 발렌티나에 못지않은 최고의 여자 우주인인 페기 윗슨이 머물렀던 방에 소연이 머물게 된 것이었다.

　'그녀와 나란히 이름을 적을 수 있다니, 설마 꿈은 아니겠지.'

　소연은 가슴이 두근거렸다. 이제 우주선이 발사되는 4월 8일에는 소연도 호텔 방문에 사인을 하게 될 것이었다. 그것도 페기 윗슨의 이름 옆에.

　'훗날 누군가가 또 내 이름 옆에 사인을 하겠지. 그 사람이 내 이

름을 보고 자랑스러워할 수 있다면 얼마나 좋을까.'

소연이 이런 생각을 하고 있는데 노크 소리가 들렸다.

소연이 문을 여는데 이상한 환상이 보였다. '갈매기' 발렌티나 테레시코바가 눈앞에 서 있었던 것이다.

'방에 앉아서 발렌티나를 생각했더니 헛것이 다 보이네. 그게 아니라면 난 지금 꿈속에 있는 거겠지.'

그런데 발렌티나의 환상이 또렷하게 말을 했다.

"소연. 날 알아보겠어요?"

소연은 입을 딱 벌리고 말았다. 눈앞의 그 사람은 환상이 아니라 진짜 발렌티나였던 것이다.

"한국에서 최초의 여자 우주인이 탄생한다는 말을 듣고 난 너무나도 기뻤답니다. 연방우주국의 아나톨리 국장은 소연을 '한국의 발렌티나'라고 설명하더군요. 얼마나 자랑스러웠는지 몰라요."

소연은 감격 때문에 쉽게 말문을 열지 못했다. 발렌티나는 소연의 등을 다정하게 두드리며 이렇게 말했다.

"이제 소연은 한국의 우주 개발 역사에 첫 페이지를 쓰게 될 겁니다. 하지만 그게 끝은 아니에요. 소연은 건강하고 젊고 명석하니까 앞으로도 더 많은 가능성을 얻을 수 있을 거예요."

두 여자는 40년의 나이 차이도 잊고 서로의 손을 잡은 채 오래도록 얘기를 나누었다. 페기 윗슨이 머물렀던 방에서 발렌티나와 나란히 앉아서 얘기를 나눌 수 있다니, 소연으로선 영원히 잊지 못할 밤이었다.

18가지 과학 실험 훈련

막바지 훈련이 시작됐다. 내용은 주로 두 가지였다. 하나는 소연이 유난히 약한 모습을 보였던 우주 멀미 적응 훈련, 그리고 다른 하나는 소연이 우주에서 수행할 과학 실험의 모의 훈련이었다.

소연은 국제우주정거장에서 18가지의 과학 실험을 하게 될 예정이었다. 그중 13가지는 학계에서 제안한 기초 과학 실험이었고, 나머지 5개는 어린 학생들의 학습을 위한 교육 실험이었다.

기초 과학 실험에는 '미세중력에서의 식물발아생장 및 변이 관찰실험', '미세중력 환경을 위한 소형생물배양기 개발', '초파리를 이용한 중력반응 및 노화유전자의 탐색', '미세중력이 안구압과 심장에 미치는 영향 연구', '무중력상태에서 제올라이트 합성과 결정성장 실험', '무중력상태에서 금속-유기 다공성물질의 결정성장 실험', '한반도 촬영 및 기상관측 연구', 'MEMS 기술을 이용한 망원경 개발 및 극한대기현상 관측', '국제우주정거장 소음환경 파악 및 개선 연구', '차세대 메모리소자 실증 실험', '미세중력에서의 소질량 물체 무게측정장비 개발', '한국전통식품을 활용한 우주식품개발', '미세중력에서의 우주인 신체의 형상 변화 연구'가 있다.

또 학생들을 위한 교육 실험에는 '지구와 우주에서의 물의 현상

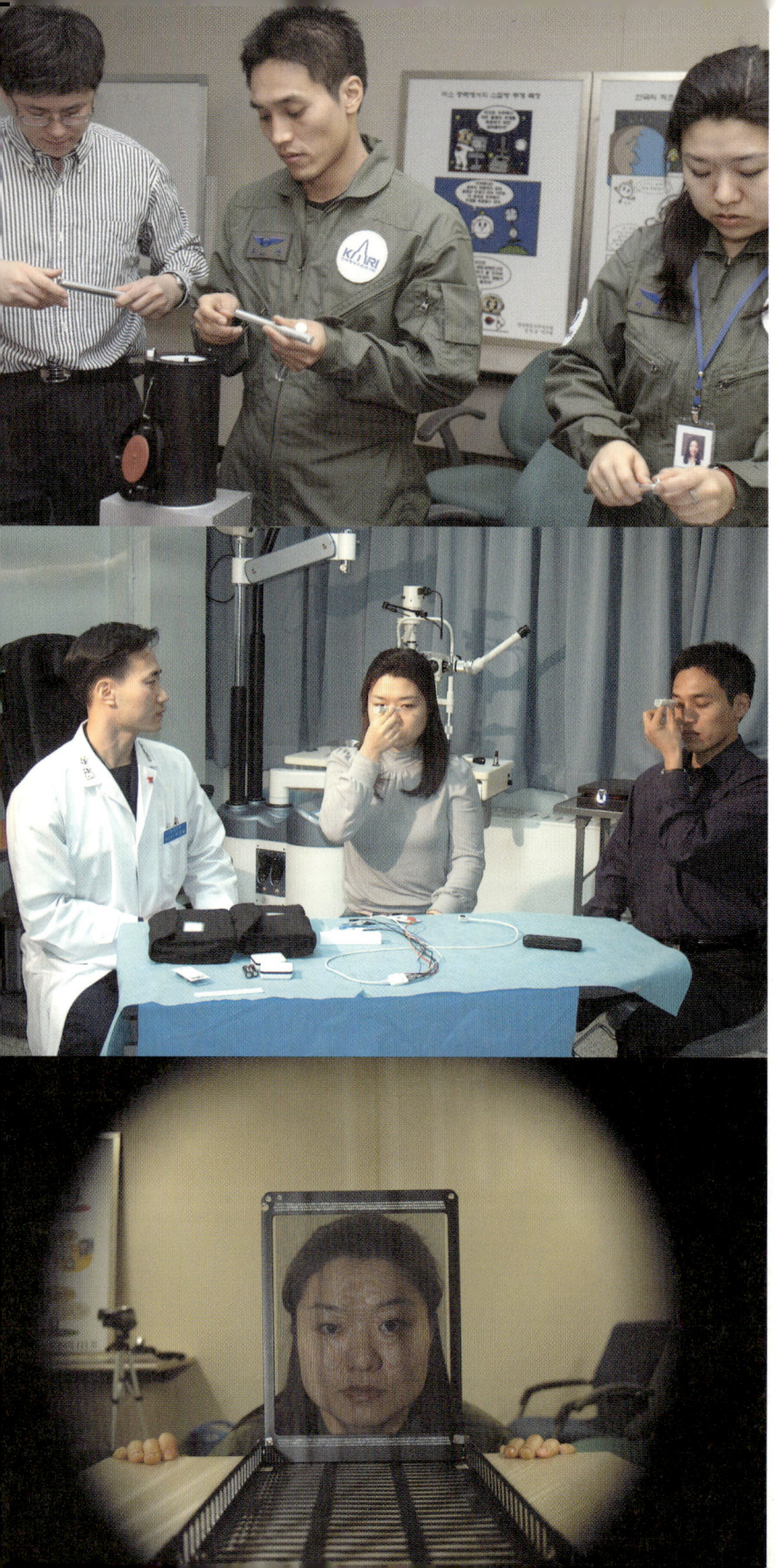

우주정거장에서
실험하게 될
과학 과제들을
실습하고 있는
이소연과 고산.

비교실험', '지구와 우주에서의 회전운동 및 뉴턴법칙 비교실험', '지구와 우주에서의 표면장력 차이점 비교실험', '지구와 우주에서의 펜이 써지는 차이점 비교실험', '지구와 우주에서의 식물생장 비교실험' 이 있다.

어떤 사람들은 수백억, 수천억 원이 들어가는 우주 개발 프로젝트가 일상생활이나 경제에 무슨 도움이 되냐고 비판하기도 한다. 그러나 그것은 잘못된 생각이다. 우주 탐사에서 비롯된 위성항법 시스템GPS이 선박, 승용차, 트럭, 휴대 전화로 진출한 것처럼 우주선과 우주인을 위해 개발된 기술이 신상품 개발로 속속 이어졌기 때문이다.

예를 들어 우주인의 시력 보호를 위한 광학 필터는 편광 선글라스를 탄생시켰고, 동결 건조 식품과 정수기, 전자레인지는 우주인의 식사를 연구하다가 개발된 것이었다. 공기청정기, 자기공명 영상장치MRI, 태양 전지도 마찬가지다.

심지어는 여성들의 인기를 독차지한 형상기억 브래지어도 달착륙선과 행성 탐사선의 안테나에 사용된 기술을 응용한 것이었다.

미래학자 앨빈 토플러는 저서 《부의 미래》에서 '가까운 미래에는 우주가 부의 원천이 될 것' 이라고 예측했다. 선진국들이 우주개발에 아낌없이 거액을 투자하는 이유는 무엇일까. 물론 순수하게 우주의 신비를 밝혀내려는 목적도 있지만 그보다 더 큰 목적은 우주 개발을 통해 21세기 첨단 산업을 주도할 핵심 기술을 지속적으로 확보하려는데 있는 것이다.

04-3
나는 대한민국의 청년이다

2008년 4월 4일. 소연은 포플러 묘목 한 그루를 '우주인의 길' 옆에 정성 들여 심었다. 그 길은 우주인들이 우주선을 타기 위해 예외 없이 걸어갔다는 이유로 그 같은 별명을 얻은 소로小路였다.

우주 비행사가 그 길에 나무를 심는 건 오래된 전통이었다. 첫 번째로 나무를 심은 사람은 인류 최초의 우주 비행사 유리 가가린이었다. 가가린이 심었다는 나무는 잎이 무성했다. 소연의 나무도 언젠가는 그렇게 될 것이었다.

오후에는 러시아 우주 과학의 천재 코롤료프가 세웠다는 우주 박물관을 방문했다. 그리고 박물관 벽면에 러시아어와 한글로 '이소연'이라는 이름을 커다랗게 적어 놓았다. 소연의 뒤를 이어 우주에 갈, 수많은 우주인들이 보게 될 이름이었다.

소연은 비교적 담담했다. 바이코누르에 처음 도착했을 때는 흥분과 설렘으로 정신이 없었지만 발사가 막상 며칠 앞으로 다가오자 오히려 마음이 차분하게 정리되는 느낌이었다.

"오늘부터 여러분은 외부 세계와 엄격하게 격리됩니다. 만나 보고 싶은 사람이 있다면 만나 보세요. 오늘이 마지막 기회가 될 것입니다."

210
우주에서, 이소연입니다

'우주인의 길' 옆에
포플러 묘목을 심고 있는
이소연.

만나 보고 싶은 사람? 내겐 그가 누굴까. 소연은 곰곰이 생각해
보았다. 짧은 순간 수많은 사람들의 얼굴이 스쳐갔다.

과묵한 아버지와 귀여운 어머니, 싸우면서 정을 키운 동생 진승
이와 기백이, 지긋지긋한 10년 룸메이트 송지연, 연구실의 동지들
과 교수님, 동고동락했던 우주인 후보들, 자상한 이고르 할아버지,
영원한 우상 발렌티나 테레시코바, 친절했던 나사NASA의 우주인
들, 몇 년 새 머리가 허옇게 세어 버린 항공우주연구원의 백홍열 단
장님, 그리고……

발사 發射

당장 볼 수만 있다면 한몫에 끌어안고 싶은 사람들이었다. 그러나 그들은 지금 다른 공간, 다른 시간에 있었다.

'우주에 가면 그들을 한꺼번에 내려다 볼 수 있겠지.'

소연은 벌써 어두워지는 하늘을 바라보았다. 별이 하나 둘 돋아나기 시작한다. 며칠 뒤면 한층 선명하게 볼 별들이었다.

발사 하루 전인 4월 7일. 소연을 비롯한 우주인들이 소유스호에 탑승하는 것을 최종적으로 승인하기 위한 국가위원회가 개최되었다. 이 자리에서 아나톨리 페르미노프 연방우주청장은 엄숙한 목소리로 선언했다.

"2008년 4월 8일, 우리들은 유인 우주선 소유스 TMA-12호를 예정대로 발사할 것을 결정했습니다."

이어지는 그의 다음 발언은 소연의 가슴을 벅차게 만들었다.

"우주 비행사 이소연은 러시아의 유인 우주선을 통해 한국인으로서는 처음으로 우주 비행을 하게 되며, 이로써 국제우주정거장에서 활약하는 국가의 수가 또 하나 늘어나게 되었습니다."

그의 말은 '인간' 이소연이 아니라 '대한민국' 이 우주에 간다는 뜻이었다. 원래 소연은 하고 싶은 말이 많았으나 조금은 자제해야겠다는 생각이 들었다. 공식적인 자리인 만큼 소연의 말은 '대한민국' 의 말이 될 것이기 때문이었다. 마이크가 돌아오자 소연은 이렇게 말했다.

"감사하다는 말이 제가 할 수 있는 말의 전부입니다. 그동안 저를 도와주신 분들을 잊지 못할 것입니다. 모든 한국인과 러시아인의 기대에 어긋나지 않도록 모든 힘을 다하겠습니다."

그날 저녁, 소연은 같이 우주선을 타게 될 동료 세르게이, 올레그와 함께 숙소에서 기념 촬영을 하기로 했다. 오직 세 사람만 조촐하게 모인 자리였다.

우주에서, 이소연입니다

약속한 촬영 장소에 소연이 나타나자 두 사람이 기겁을 했다. 소연의 복장이 이채로웠기 때문이었다.

"소연. 그게 무슨 옷이야? 색깔이 아주 예쁜데."

"한복이라고 해요. 우리나라의 여자들이 입는 전통 옷이죠."

"세상에, 어디서 그걸 구했어?"

"다 방법이 있죠."

소연의 간절한 부탁으로 통역을 담당하는 항공우주연구원 직원이 어렵게 구해 준 한복이었다. 우주인 호텔에 같이 묵었던 그 직원은 한복을 구하느라 너무 고생해서인지 코 밑에 바이러스성 염증이 생기는 바람에 강제로 독방에 격리되고 말았다. 그 생각을 하면 소연은 미안한 마음뿐이었다.

"이럴 줄 알았으면 우리도 전통 의상을 준비해 놓는 건데. 이거 때깔이 너무 차이가 나잖아."

올레그가 투덜거리자 세르게이가 빙긋이 웃었다.

"졸지에 한국의 공주님을 모시는 시종 역할을 하게 됐군. 하지만 이것도 영광 아니겠어?"

세 사람은 옹기종기 모여서 사진을 찍었다. 지금까지 찍었던 그 어떤 사진보다도 소중한 사진이었다. 지구에서의 마지막 밤은 그렇게 저물어 가고 있었다.

꿈을 향한 카운트다운

4월 8일. 그날의 날씨는 변함없이 쾌청했다. 혹시나 했던 많은 사람들이 안도의 한숨을 내쉴 정도로 훌륭한 날이었다.

소연은 이르지도 늦지도 않은 시간에 눈을 떴다. 창문에는 벌써 햇살이 한가득이었다. 얼마나 깊이 잤는지 꿈조차 기억이 나지 않았다. 바로 오늘이 우주에 가는 날인데, 신기한 일이었다.

평소처럼 세면을 하고 이를 닦았다. 상쾌한 기분이었다. 당장이라도 문을 열면 엄마와 아빠가 "소연이 일찍 일어났구나. 오늘은 아침 거르지 말고 학교에 가거라"라고 다정하게 말을 건네는, 익숙한 장면이 펼쳐질 것만 같았다.

소연은 문득 거울을 보았다. 알고 있던 것보다 조금은 성숙해 보이는 여자가 그곳에 서 있었다.

'자네가 무언가를 간절히 원할 때 온 우주는 자네의 소망이 실현되도록 도와준다네.'

봄이 오는 캠퍼스에서 이런 구절을 읽은 것이 2년 전의 일이었다. 소연은 자신이 간절히 원하는 것이 무엇인지를 깨달았고 그것을 이루기 위해 노력했다. 그리고 우주가 소연의 소원을 들어주었다. 이제는 소연이 우주에 가서 감사의 뜻을 표할 차례였다.

'넌 할 수 있어, 이소연. 지금까지 해온 것과 마찬가지로.'

소연이 문을 열자 부모님의 모습 대신 수많은 카메라들이 빛을 발했다. 그것은 현실이었다.

가장 먼저 뭘 해야 하지? 물론 소연은 답을 알고 있었다. 소연은 펜을 들어 301호의 방문에 사인을 했다. 페기 윗슨의 이름 옆이었다.

"이. 소. 연.이라고 썼어요." 외국 기자들에게 소연이 말했다.

"이 사람이 오늘 우주에 간답니다."

발사 7시간 전. 세 사람의 원정대는 우주인 호텔에서 성대한 출정식을 가졌다. 전통에 따라 출정식에는 검은 옷을 입은 러시아 정교의 신부가 참석했는데, 그는 장도에 오르는 세 사람에게 일일이 성수를 뿌리며 축복해 주었다.

"여러분이 의미 있는 일을 수행하는 동안 반드시 신의 가호가 있을 것입니다."

우주로 가는 길을 축복하는 신부의 모습이 사람에 따라서는 조금 특이하게 보일 수도 있었다. 그러나 지구에 신이 없다면 우주에도 없고, 신이 있다면 우주에도 있을 것이었다.

축복이 끝나자 세 사람에게 샴페인이 돌려졌다. 이때 샴페인을 마시는 것은 상관이 없지만 건배를 해서는 안 된다. 러시아 우주인

들에게는 건배가 불운을 가져다준다는 믿음이 있기 때문이었다.

출정식을 마친 뒤 세 사람은 자동차로 40분쯤 걸리는 에네르기야 본부로 이동해서 소콜 우주복으로 갈아입었다. 이제는 평상복처럼 익숙해진 우주복이었다. 우주복을 입은 뒤에는 커다란 유리창으로 격리된 면회실에서 가족, 취재진들과 마지막 면담이 있을 예정이었다.

소연이 면회실에 들어서자 요란한 환호성과 함께 플래시가 터졌다. 그다지 넓지 않은 면회실은 몰려든 사람들 때문에 발 디딜 틈이 없었지만 소연은 두 사람의 그리운 얼굴을 어렵잖게 찾아낼 수 있었다. 엄마와 아빠였다.

"몸은 괜찮니?"

"네, 엄마."

"잘 다녀와. 건강한 모습으로 다시 만나자."

허용된 면담 시간이 워낙 짧아서, 소연은 마음속에 품고 있던 말을 한마디도 할 수 없었다. 두 분의 건강한 모습을 보고 위안을 삼았을 뿐이었다.

그런데 면담이 끝나기 직전에 거짓말 같은 일이 벌어졌다. 지나칠 정도로 과묵하고 감정을 잘 드러내지 않는 사람으로 소문난 아버지가 느닷없이 두 팔로 하트 모양을 만들어 보인 것이다.

'내 딸이 너무 자랑스럽구나. 사랑한다.'

소리를 내지는 않았지만 아버지는 딸에게 이런 말을 보내고 있었다. 소연의 눈앞이 뿌옇게 흐려졌다.

'저도 아버지를 사랑해요.'

소연의 생각은 아버지에게 분명히 큰 소리로 들렸을 것이었다.

발사 3시간 전. 이제는 탑승 전 마지막 행사를 치를 차례였다. 우주인 보고식이었다.

우주인 보고식을 마치고
탑승대에 오르는
우주인들.

우주인 보고식은 우주인들이 우주 비행 준비를 군대식으로 보고하는 행사로 일반인들이 우주인들을 볼 수 있는 마지막 기회다. 보고식이 열리는 에네르기야의 광장은 몇 시간 전부터 몰려든 엄청난 인파로 가득 메워져 있었다.

마침내 우주복을 입은 세 사람이 광장에 나타나자 커다란 환호성과 함께 태극기가 물결치기 시작했다. 노랫소리도 들렸다. 한국에서 온 서포터즈의 응원가였다. 호텔에서 밤을 새우다시피 하면서 준비한 노래들이었다.

소연은 살짝 목이 멘 채로 손을 흔들었다.

'그것 봐. 나 혼자 가는 게 아니라니까. 나는 대한민국 원정대 중 하나일 뿐이야.'

"이소연, 세르게이 볼코프, 올레그 코노넨코, 이렇게 세 사람은 국제우주정거장ISS의 17차 원정대로서 소유스 TMA-12 우주선을 타고 우주정거장에 올라가서 맡은 바 임무를 수행할 것을 이 자리에서 보고합니다."

보고식은 짧았다. 마침내 발사대로 이동할 차례였다. 세 사람은 몰려드는 인파들을 헤치고 준비된 버스에 올랐다. 세 사람만의 외로운 싸움이 시작되는 순간이었다.

오후 2시 36분. 세 사람의 우주인을 태운 버스가 소유스의 발사대에 도착했다. 이틀 전부터 주인을 기다리면서 하늘을 노려보던 소유스였다.

소연이 버스에서 내리는 순간, 귀에 익은 목소리가 들려왔다. 발렌티나 테레시코바였다.

"소연. 설마 두려운 건 아니겠지? 걱정하지 마. 다 잘될 거야. 충분히 준비한 사람에게 우주란 요람과도 같은 곳이니까."

엄혹한 훈련 끝에 우주선을 타고 지구를 48바퀴나 돌면서 '나는 갈매기'라며 기염을 토했던 여자가 이웃집의 다정한 할머니처럼 느껴지는 순간이었다.

"두렵다니요. 이 순간을 얼마나 기다려 왔는데요."

"그렇겠지. 소연을 보면 내 젊은 시절이 자꾸만 떠올라. 그래서 하는 말이야."

두 여자의 대화를 지켜보던 페르미노프 우주청장이 흰머리를 긁적이며 웃었다.

"원래는 이 대목에서 내가 격려의 말을 전해야 하는데 발렌티나 때문에 내가 끼어들 여지가 없군요."

드디어 세 사람이 가가린 출발대에 섰다. 가가린 출발대는 유리 가가린을 태웠던 보스토크 1호가 발사된 자리다. 우주인들은 가가린 출발대에 마련된 리프트를 타고 소유스 우주선으로 올라가게 된다.

"소연. 잠깐만 뒤로 돌아서 주겠어?"

갑자기 세르게이가 묘한 미소와 함께 이런 말을 던진다. 소연은 잠시 어리둥절했지만 이내 그 말의 뜻을 알아차렸다.

"세르게이. 기어이 할 거예요?"

"전통이거든. 우리랑 같이 해도 좋고."

"사양하겠어요."

소연이 돌아선다. 이제 두 사람이 뭘 할 것인지를 소연은 알고 있다. 그들은 소변을 보려는 것이다.

1961년, 우주선에 탑승하기 직전의 유리 가가린은 소변이 꽤 마려웠던 모양이다. 그래서 급한 대로 버스 바퀴에 그대로 소변을 보았는데 그것 또한 하나의 전통이 되고 말았다.

"이제 시원해요?"

"시원하고말고. 소연도 해보지 그래. 이건 엄연히 우주 비행의 안녕을 기원하는 의식이거든."

"가가린이 큰 걸 안 본 게 천만다행이네요."

소유스 TMA-12의 꼭대기 부근에 세 사람이 누워 있다. 자세는 영락없이 어머니 배 속에 있는 태아의 모습이다.

그동안 훈련을 받으면서 숱하게 경험했던 모듈이지만 오늘은 느낌이 다르다. 흥분 때문에 목이 마르고 근육에는 긴장이 켜켜이 쌓이고 있다. 이제 곧 세 사람은 태아의 자세로 중력이라는 이름의 탯줄을 끊어 내게 될 것이었다. 그리하여 세 사람은 우주에서 형제로

다시 태어나게 될 것이었다.

모듈 안에서 2시간 40분을 기다리는 동안 소연은 2006년의 뜨거웠던 여름을 기억해 냈다. 대학의 교정에 붙어 있는 포스터에서 까맣게 잊고 있었던 꿈을 찾아냈던 그해 여름. 하마터면 일상에 안주할 뻔 했던 내게 새로운 힘을 불어넣어 주었던 빛나는 날들.

그때 스스로에게 수백 번 다짐했던 말을 소연은 묵은 일기장을

꺼내듯 다시 한 번 되뇌어 본다.

'이소연. 너는 할 수 있어.'

월남전에서 150번이나 출격했던 전투기 조종사였다가 나사NASA의 우주 비행사가 된 마이크 멀레인은 로켓이 발사되기 직전의 느낌을 다음과 같이 토로한다.

"출발 직전의 전투기 안에서 호치민의 비밀 보급로를 정찰하는 임무를 되새기는 것도 긴장되는 일이지만 우주 왕복선의 조종실에 누워서 카운트다운이 되고 있는 시계를 바라보고 있을 때의 긴장

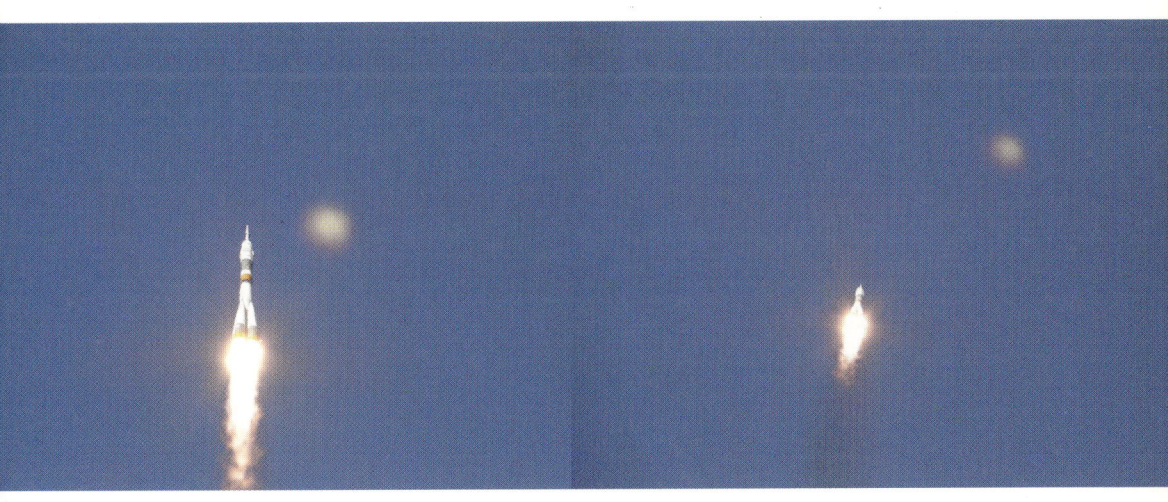

감과는 비교가 되지 않는다. 비행기는 자신이 제어할 수 있지만 우주선은 그럴 수가 없기 때문이다. 그래서 우주 비행사는 우주선이라는 기계 안에 갇힌 죄수라는 생각이 들 때가 있다.

그뿐인가. 우주 비행사들을 가장 두렵게 만드는 것은 바로 나사NASA 관제자들의 혼란이다. 우주 비행사의 생명은 나사NASA의 운영팀 손에 달려 있기 때문에, 그들에게 조금이라도 문제가 있다고

생각될 때에는 우주인들 모두가 거대한 공포에 전염되고 만다.

그래서 발사의 순간이 다가올 때마다 우주인들은 예외 없이 심란해진다. 별로 두렵지 않다는 우주인도 있긴 하지만 아마도 그것은 두려움이 없는 게 아니라 두려움과 흥분이 격렬히 뒤섞이는 바람에 감정의 색깔을 스스로 구분하기가 어렵기 때문일 것이다. 우주여행은 길고 험난한 여정이다. 아무리 부정해도 위험천만한 도전임에 틀림이 없다."

발사 5분 전. 우주선의 시스템이 변경된다. 이제부터는 모듈에서 우주선을 조종할 수 있게 된다.

그리고 카운트다운.

숫자가 줄어드는 것에 반비례해서 긴장은 커지고 호흡도 가빠진다. 발사가 잘못되면 어쩌지? 재빨리 모듈 앞으로 빠져나가서 비상탈출을 시도해야 할 것이다.

모든 것은 이미 머릿속에 완벽하게 정리되어 있다. 진인사대천명盡人事待天命. 사람이 할 수 있는 일은 모두 했으니 이제는 하늘의 뜻에 따라야 할 것이었다.

숫자가 정지된다. 1~2초가 마치 십 년처럼 느껴지는 순간이다. 갑자기 모듈이 요동치면서 엄청난 소리가 진동한다. 태어나서 들었던 것 중에 가장 큰 소리다.

거대한 압력이 몸을 짓누르기 시작한다. 마치 수백, 수천만 개의 실이 세포 하나하나를 아래로 잡아당기는 느낌이다. 가속 훈련도 숱하게 받아 봤지만 그때와는 기분이 천지 차이다.

발사 후 118초. 압력이 줄어드나 싶더니 또다시 강한 압력이 밀려온다. 1단 로켓이 분리되고 2단 로켓이 점화된 것이다.

287초. 2단 로켓이 분리된다. 과정은 매우 순조롭다. 525초. 마지막 3단 로켓이 떨어져 나간다. 현재 고도는 242킬로미터. 갑자기 자세가 편해진다. 몸이 종잇장처럼 가벼워지는 느낌이다.

"우주에 온 것을 환영합니다, 여러분."

커맨더 세르게이가 마침내 한숨처럼 한마디를 내뱉는다. 그의 말대로 소연이 있는 곳은 이미 우주였다.

발사 發射

우주의 비밀을 연구한 사람들

1977년, 미국의 천문학자 칼 세이건 Carl Edward Sagan★은 우주의 탄생에서 오늘날까지의 시간을 1년의 12개월과 비교하는, 이른바 우주 달력 Cosmic Calendar이라는 것을 발표한 적이 있다. 우주의 탄생을 1월 1일 0시로, 현재의 시간을 12월 31일 24시에 비교한 것이다.

이 달력대로 우주가 1월 1일에 탄생했다고 간주하면 태양계가 만들어진 것은 8월이다. 악천후로 혼란스러웠던 지구에 최초의 단세포가 나타난 것은 9월이었으며, 11월이 되자 그것은 다세포로 진화할 수 있었다. 공룡이 나타난 것은 크리스마스이브였고, 5일 뒤인 12월 29일에 멸종되고 말았다.

그리고 12월 31일 오전 10시 15분에 원숭이가 태어난다. 이 원숭이는 같은 날 저녁 9시 24분에 두 발로 걷기 시작했다. 원시 인류의 출현이다. 원시 인류는 11시 46분이 되어서야 비로소 불을 사용하기 시작한다. 문자가 발명된 것은 저녁 11시 59분 45초이고 콜롬버스가 아메리카 대륙을 발견한 것은 11시 59분 59초, 그러니까 자정까지 불과 1초만을 남겨 놓은 시간이었다.

그러니까 인류가 우주를 비교적 정확하기 인식하기 시작하고, 그것을 수학으로 정리하고, 물리 법칙을 응용해서 장거리 로켓을 만들고, 최초의 인공위성을 우주에 쏘아 올리고, 달 표면에 사람의 발자국을 남기고, 태양계 곳곳에 다양한 탐사선을 보냈던 일들이 그 1초라는 시간에 모두 포함되어 있는 것이다. 용광로처럼 뜨겁고 혼란스럽고 변화가 심했던 1초. 그러나 그 1초의 의미를 정확히 이해하려면 시간을 조금 더 거슬러 올라가야 한다.

인간이 우주에 대해 관심을 갖게 된 것은 농경 생활을 시작하면서부터였다. 그러니까 메소포타미아와 황하 지역에 사람들이 모여 살기 시작하던, 약 1만 년 전의 일이었다.

계절의 변화와 우기, 건기의 교체기가 태양과 달과 행성의 위치와 밀접한 관계가 있다는 사실이 드러나면서 하늘을 관측할 필요가 생겨난 것이다. 고대인들이 생각했던 우주는 대개 신화적인 상상력이 반영된, 기묘한 모습이었다. 예를 들어 고대 바빌로니아인이 생각했던 우주는 다음과 같은 것이었다.

미국의 천문학자. 미국 항공 우주국에서 마리너호, 바이킹호, 갈릴레오호의 행성 탐사 계획에 실험 연구원으로 활동했고 캘리포니아 패서디나에 설치한 전파교신장치로 우주 생명체와의 교신을 시도한 바 있다.

땅 아래에는 기둥들이 마치 지붕을 떠받치듯이 단단한 땅을 지지하고 있고, 땅 위에는 하늘의 돔이 에워싸고 있다. 그리고 태양과 달은 돔 모양의 하늘에서 늘 정해진 길을 따라 움직이며, 별은 신이 들고 다니는 등불이라고 생각했다.

인도인들이 생각한 우주의 모습은 더욱 기이했다. 우선 거대한 뱀 위에 거북이 올라앉아 있고, 그 거북 등 위에 네 마리의 코끼리가 반구의 대지를 떠받들고 있다. 그리고 그 중앙에는 수미산★이 솟아 있으며, 해와 달은 그 위를 돌고 있다는 것이다.

불교에서 세계의 중심에 솟아 있다고 생각했던 상상 속의 산.

이집트인들의 우주는 낭만적이었다. 그들은 하늘의 여신 누트Nut가 평평한 땅을 위에서 에워싸고 있는데 누트의 몸에는 별들이 아로새겨져 있다고 생각했다. 그리고 누트가 매일 저녁 태양을 삼켰다가 새벽에 다시 토해 내는데, 이것이 낮과 밤이 바뀌는 이유였다.

하늘은 둥근 뚜껑으로 되어 있고 그 아래에 편평한 땅이 있다고 생각했던 중국인들의 우주관은 '하늘은 둥글고 땅은 모나다〔天圓地方〕'라는 유명한 말을 남겼는데, 이런 생각은 우리 조상들에게도 큰 영향을 주었다.

보다 현실적인 우주관이 나타나기 시작한 곳은 그리스였다. 그리스는 해양을 통한 무역이 활발한 지역이었고 긴 항해에 나서는 경우가 많았다. 뱃사람들은 하늘의 별자리를 기준으로 삼아 배의 위치를 파악했는데, 항해의 범위가 넓어지면서 지역에 따라 별자리의 위치가 변한다는 사실에 의문을 가지기 시작했다. 지구가 편평하다면 별자리가 바뀔 까닭이 없었기 때문이었다.

그래서 일부 그리스 사람들은 차츰 지구가 둥글다는 생각을 가지게 되었고 실제로 기원전 6세기의 피타고라스학파 사람들은 지구가 둥글다고 확신했다. 그리스의 학자 아낙시만드로스Anaximandros는 원통형의 정지한 지구 주위를 해와 달과 별이 회전한다고 주장하기도 했다. 획기적인 천체 모델을 생각해 낸 사람은 에우독소스Eudoxos였다. 그 모델에 따르면 지구 둘레에는 27개의 수정구가 층층이 에워싸고 있고, 그 구들은 모두 하나의 중심 주위를 회전하고 있다. 가장 멀리 떨어진 구 위에는 별들이 붙어서 돌고 있으며 그 밖의 다른 구 위에는 각각 태양과 달과 행성들이 붙어서 돈다는 식이었다.

아리스토텔레스는 에우독소스의 수정구를 55개까지 늘려 더욱 완벽한 모델을 만들기 위해 노력했다. 특히 그는 월식이 일어날 때 달에 비친 지구의 그림자가 둥근 모양이라는 사실을 근거로 지구가 둥글다고 주장했다.

같은 무렵의 헤라클레이데스Heracleides는 오늘날의 것과 비슷한 태양계 모형을 주장했다. 그는 지구가 지축을 중심으로 24시간에 한 바퀴 회전하고, 수성과 금성은 태양의 주위를 돌며, 이들 천체와 남은 행성들이 우주의 중심인 지구의 둘레를 돈다고 주장했다.

모든 행성이 태양을 중심으로 돈다는 태양 중심설은 이집트에서 나왔다. 알렉산드리아의 아리스타르코스Aristarchos의 주장이었다. 그러나 그의 이론을 주의 깊게 검토한 프톨레마이오스Ptolemaeos는 그 주장을 반박하는 한편 모든 천체가 지구 둘레를 돈다고 확신했다.

그러나 이런 주장들은 몇몇 학자들에게나 관심을 끌었을 뿐 일반 사람들과는 동떨어진 얘기였다. 대다수의 사람들은 여전히 편평한 지구와 하늘에 매달린 별을 상상하고 있었다. 더욱이 이후의 세월은 과학의 암흑기였다. 아리스토텔레스에서 확립된 자연철학을 제외하고는 모든 지식을 교회가 통제했기 때문이었다. 천문학의 명맥은 아랍권에서나 근근이 이어지고 있었다.

반전이 일어난 것은 그로부터 천 년하고도 몇백 년이 지나서였다. 혁명이라는 단어의 수식어로 흔히 쓰이는 코페르니쿠스Nicolaus Copernicus에 의해서였다. 코페르니쿠스는 지구를 비롯해 모든 행성이 태양 둘레를 돌고, 또 지구가 자전한다고 가정하면 관측되는 천체의 운동을 아주 간단하게 설명할 수 있다는 사실을 깨달았다. 그러나 코페르니쿠스는 행성의 궤도를 타원이 아닌 원으로 생각했기 때문에 프톨레마이오스의 체계보다 더 훌륭하다고 보기는 어려웠다.

우주가 여러 겹의 수정구로 이루어졌다는 수정구 이론은 혜성의 궤도를 추적하던 티코 브라헤에 의해 철저히 부정되었다. 혜성은 가상의 수정구들을 관통하면서 움직이고 있었던 것이다. 프톨레마이오스 체계에서는 불가능한 일이었다.

요하네스 케플러는 브라헤의 관찰 기록을 바탕으로 행성의 움직임을 연구하다가, 행성들이 태양 둘레를 타원 궤도로 돌고 있다는 결론을 내렸다. 천문학사를 뒤흔든 엄청난 발견이었다.

비슷한 시기에 이탈리아에서는 갈릴레오 갈릴레이Galileo Galilei라는 사람이 망원경이라는 기묘한 물건을 가지고 밤하늘을 관찰하고 있었다. 갈릴레이는 달 표면이 생각보다 매끄럽지 않다는 사실을 알아냈고 목성 주위를 돌고 있는 네 개의 위성을 찾아냈다. 모든 천체가 지구 주위를 돌고 있다는 교회의 주장이 확실하게 무너지는 순간이었다. 마치 이어달리기에서 바통을 이어받듯 갈릴레이가 사망한 해에 태어난 아이작 뉴턴은 《자연철학의 수학적 원리》라는 책을 통해 역학의 모든 체계가 완성되었음을 선언했다.

천문학자들은 선구자들의 관찰 기록에 뉴턴의 역학을 접목시킴으로써 거의 정확한 태양계의 구조를 알아낼 수 있었다.

'용광로처럼 들끓는' 마지막 1초의 시대가 열리는 순간이었다.

천체의 비밀들이 속속 밝혀지면서 신화는 사라지고 그 자리를 과학이 차지했다. 그러나 인간의 상상력까지 사라진 것은 결코 아니었다. 우주에 대한 인간의 막연한 상상은 우주의 비밀이 벗겨지면서 오히려 구체적인 동경으로 변해 가고 있었다.

우주에 대한 동경이 가장 먼저 반영된 것은 문학이었다. 1638년, 영국의 프란시스 고드윈은 《달세계의 인간The Man in the Moon》이라는 소설을 발표했다. 도밍고 곤잘레스라는 이름의 주인공이 새들을 끈으로 연결해서 달까지 날아간다는 내용이었다.

프랑스의 시라노 드 베르주라크가 1662년에 쓴 《달나라 여행기》에서는 우주여행을 할 때 거대한 연을 타고 가는 장면이 등장한다. 이런 작품들은 우주 공간에도 공기가 있다는 전제를 바탕으로 한 것이지만 우주의 참모습이 속속 밝혀지면서 문학도 현실적인 내용을 담아 내기 시작했다.

1865년에 프랑스의 쥘 베른이 발표한 소설 《지구에서 달까지》에는 기차처럼 생긴 우주선의 그림이 등장하는데, 이 우주선은 공기와 관계없이 작용 반작용의 법칙을 이용해서 움직이는 것이었다.

《타임머신》, 《투명인간》, 《우주전쟁》 같은 걸작들을 남겼던 조지 웰스는 《달세계 최초의 인간》이라는 작품에서 길이가 270미터나 되는 대형 대포를 등장시켰다. 사람이 탄 포탄을 달까지 쏘아 올리기 위한 대포였다.

이 아이디어는 영화를 만드는 사람들에게도 영향을 미쳐서 조르주 멜리에스가 찍은 최초의 극영화 〈달세계 여행〉의 모티브가 되기도 했다. 포탄에 맞은 달이 눈물을 흘리는 장면은 영화사의 기념비적인 장면으로 남았을 정도였다. 웰스의 작품들이 사람들에게 널리 읽힐 무렵에는 인간의 우주여행이 마침내 현실이 되어 가고 있었다.

05

우주에서 바라본 지구에는 국경도 없었고
빈부 차이나 인종 차별도 없었다.
그저 대지와 바다 그리고 사람이 있을 뿐이었다.
이렇게 모두가 한가족인데 사람들은 왜 고통을 만들고
또 그것을 숙명처럼 짊어지고 살아가는 걸까…….

2008년 4월 19일, 우주는 하나다

귀환 歸還

저것이 우리의 지구다

2008년 4월 10일, 모스크바 시간으로 오후 4시 57분. 소연을 태운 소유스 TMA-12는 발사된 지 이틀 만에 고도 350킬로미터의 우주정거장과 도킹하는 데 성공했다.

모스크바에서 20킬로미터가량 떨어진 코롤료프 시 소재의 모스크바 임무통제센터MCC는 축제의 분위기였다.

"카사니에."★

마침내 도킹 성공 메시지가 뜨는 순간 숨을 죽이고 지켜보던 한국의 취재진과 우주인 사업 관계자들은 눈시울을 붉히면서 서로를 얼싸안았다.

"해냈다. 우리가 해냈어."

7단계에 걸친 도킹 작업이 끝나고, 소유스와 우주정거장을 연결하는 해치가 슬그머니 열렸다. 모든 과정은 MCC의 대형 모니터를 통해 중계되고 있었다.

"소연아."

소연의 어머니 정금순 씨가 반색을 했다. 해치에 나타난 얼굴은 과연 소연의 것이었다. 다른 두 우주인과 함께 소연은 날고 있었다. 마치 피터 팬과 팅커 벨처럼.

우주에서, 이소연입니다

СОЮЗ-ТМА   СБЛИЖЕНИЕ   СТЫКОВКА

ВКЛ. РАДИОСИСТЕМЫ СБЛИЖЕНИЯ	ЕСТЬ	15:47:23
РАССТОЯНИЕ ДО СТАНЦИИ	134.452 М	15:48:32
ВЕЛИЧИНА СКОРОСТИ СБЛИЖЕНИЯ	-79.018 СМ/СЕК	15:48:32
КАСАНИЕ ОБЪЕКТОВ		15:47:23
НАЛИЧИЕ МЕХАНИЧЕСКОГО ЗАХВАТА	НЕТ	15:47:23
ХОД ШТАНГИ СТЫК. МЕХАНИЗМА	0.0 ММ	15:48:19
ЗАКРЫТИЕ СТЫКА	НЕТ	15:47:23
СТЫКОВКА ЭЛЕКТРОРАЗЪЕМОВ:		
- ПЕРВОГО	НЕТ	15:47:23
- ВТОРОГО	НЕТ	15:47:23
- ТРЕТЬЕГО	НЕТ	15:47:23
- ЧЕТВЕРТОГО	НЕТ	15:47:23
ОБЖАТИЕ УПЛОТНЕНИЙ СТЫКА	НЕТ	15:47:23

모스크바 임무통제센터MCC
내부의 대형 모니터.

소연은 활짝 웃으며 모니터를 향해 손을 흔들어 보이더니 물고기를 닮은 몸놀림으로 소유스를 빠져나왔다. 대한민국의 장한 딸이 국제우주정거장에 첫발을 내딛는 순간이었다.

"보십시오. 우리가 해냈지 않습니까."

최기혁 우주인개발단장이 감격에 찬 얼굴로 쏟아 내는 말이었다. 그는 오래전부터 한국인이 우주정거장의 새로운 식구가 되는 순간을 상상해 왔다. 상상은 마침내 현실이 되었다. 그리고 눈앞에 나타난 현실은 상상보다 훨씬 근사한 것이었다.

우주정거장에서 소연을 따뜻하게 맞이해 주는 사람들이 있었다. 페기 윗슨, 유리 말렌첸코, 가레트 레이즈만 세 사람의 우주인이었다.

귀환 歸還

MCC에서 소유스 우주선이
우주정거장과 도킹하는
장면을 지켜보고 있다.

    페기 윗슨은 더 이상의 설명이 필요 없는 국제우주정거장 최고의 여성 커맨더다. 유리 말렌첸코 또한 네 차례나 우주를 비행한 바 있는 베테랑이었다. 그는 엔지니어로서 우주정거장의 건설과 학술 연구를 담당하고 있었는데, 2003년 9월에는 우주정거장에서 지상의 신부와 결혼식을 올려 화제가 된 적이 있다.

    당시 신랑은 우주정거장에, 신부는 미국의 존슨 우주 센터에 있었다. 결혼식 과정은 위성을 통해 TV로 중계되었으며 결혼반지는 우주 화물선을 통해 전달되기도 했다.

    가레트 레이즈만은 나사NASA의 엔지니어로 우주정거장의 일본 모듈 '키보'를 설치하는 임무를 수행하고 있었다. 그는 특히 야구를 좋아해서 메이저 리그의 뉴욕 양키스의 골수팬이기도 했는데,

우주에서, 이소연입니다

국제우주정거장에 도착한
대원들이 함께
인터뷰를 하는 장면.

지구를 출발하기 전에 전 양키스 구단주의 사인이 담긴 모자와 공, 그리고 양키 스타디움 마운드의 흙을 담아서 우주정거장까지 가져왔을 정도였다.

이들 세 사람은 국제우주정거장의 새로운 식구를 맞이하기 위해 오래전부터 빈틈없이 준비해 왔다. 소연과의 만남은 그들의 노력이 결실을 맺는 순간이기도 했다.

"우리들의 새 식구가 된 것을 환영합니다, 소연."

페기 윗슨이 잔잔한 미소와 함께 소연을 맞이했다. 존경해 마지 않던 우주 영웅의 환대에 소연은 하마터면 눈물까지 글썽일 뻔했다.

"며칠 전부터 페기가 으름장을 놓았어요. 한국에서 온 귀한 손님에게 잘 보여야 한다고. 덕분에 우주정거장 청소를 하느라고 등뼈

귀환歸還

가 휠 지경이었지."

엄숙해 보이는 얼굴에 어울리지 않는 농담을 하며 유리 말렌첸코도 소연에게 악수를 청했다.

"보세요. 저게 우리들의 지구입니다."

가레트 레이즈만이 소연을 우주정거장의 둥근 창으로 이끌었다. 아름다운 블루 마블—지구가 그곳에 있었다. 소연은 자신이 태어나 자랐던 고향 별을 바라보았다. 역시 지구는 푸르고 아름다운 별이었다. 그러나 한반도는 아직 보이지 않았다.

'이제 곧 볼 수 있겠지. 생각대로 한반도는 하나일 거야.'

간단한 환영식을 마친 뒤에 여섯 명의 우주인이 카메라 앞에 모였다. 지구를 향한 첫 번째 메시지를 보낼 차례였다.

MCC의 모니터에 여섯 명의 우주인이 동시에 떠오르자 요란한 박수가 터졌다. 당연하게도, 소연이 입고 있던 활동복의 어깨 부분에는 태극기가 달려 있었다. 우주정거장과 태극기라. MCC를 지키던 한국 사람들은 감회가 남다를 수밖에 없었다.

다른 우주인들의 양보로 소연이 카메라와 가장 가까운 곳에 섰다. 그리고 역사에 길이 남을 첫 메시지가 소연의 입에서 흘러나오기 시작했다.

"우주에 와 있다는 사실이 아직도 믿어지지 않습니다. 여러분이 지켜보시는 동안 제가 보여드릴 수 있는 가장 아름다운 모습을 보여 드리겠습니다. 그리고 최초로 우주에 온 한국인으로서 대한민국이 우주에서도 멋지게 일어설 수 있다는 사실을 보여 드리고 싶습니다."

우주에서, 이소연입니다

우주에서 보낸 10일

드디어 10일간의 본격적인 일정이 시작되었다. 어떻게 온 우주였던가. 1분 1초도 허투루 낭비할 일이 아니었다.

그러나 5분이나 10분 단위로 꽉 짜인 일정을 제대로 소화하려면 무엇보다도 우주정거장의 생활에 적응하는 것이 중요했다. 그중 가장 먼저 익숙해져야 할 것은 우주정거장 안에서 이동하는 방법이었다.

무중력 비행기 안에서 몇 차례나 훈련을 받았지만 실제로 체험해 본 무중력은 느낌부터가 달랐다. 손가락으로 벽을 가볍게 밀어도 몸은 반대 방향으로 빠르게 움직인다. 처음에는 힘 조절이 잘 안 돼서 몇 번이나 벽과 모서리에 부딪히기도 했다. 덕분에 첫날에는 몇 개의 푸른 멍을 훈장처럼 간직하고 다녀야 했다.

적응하기 힘든 것은 시간도 마찬가지였다. 국제우주정거장ISS에 머무는 우주인들은 그리니치 표준시GMT를 기준으로 생활해야 한다. 영국의 그리니치 천문대를 지나는 경선을 자오선으로 하는 국제표준시간은 한국보다 9시간 느리다. 러시아나 한국의 시간을 기준으로 삼지 못하는 이유는 우주정거장이 90분마다 한 번씩 지구 둘레를 돌기 때문이다. 따라서 우주정거장에서는 24시간 동안 밤이 최대 16번이나 찾아오게 된다. 해가 뜨고 지는 건 45분에 한 번 꼴이었다.

그러나 소연을 가장 괴롭힌 것은 뭐니 뭐니 해도 멀미였다. 소연은 소유스를 타고 지구 궤도를 돌 때부터 우주 멀미에 시달리고 있었는데, 우주정거장에서도 증상은 좋아지지 않았다. 오히려 더 나빠지지 않는 것을 감사해야 할 정도였다.

소연에게 배정된 방에는 둥근 창이 있어서 그 창으로 지구를 바라볼 수 있었지만 이상하게도 지구를 볼 때마다 멀미가 더 심해졌다. 그래서 처음 며칠간은 아예 지구를 바라볼 엄두가 나지 않았다. 증상이 심해질 경우 임무 수행에 차질이 생길 수도 있기 때문이었다.

우주정거장에서 소연은 가장 먼저 해야 할 일은 여러 가지 실험장비들을 설치하는 것이었다. 아직 우주정거장의 환경에 익숙해지기 전이라 이 일은 유리 말렌첸코의 도움을 받아야 했다.

"유리, 우주정거장에서 결혼식을 올릴 때의 기분은 어땠어요?"

"별로였어. 신부와 키스도 못하는 결혼식이라니, 이게 말이 돼?"

우주정거장에서
이소연이 침낭에
들어간 모습.

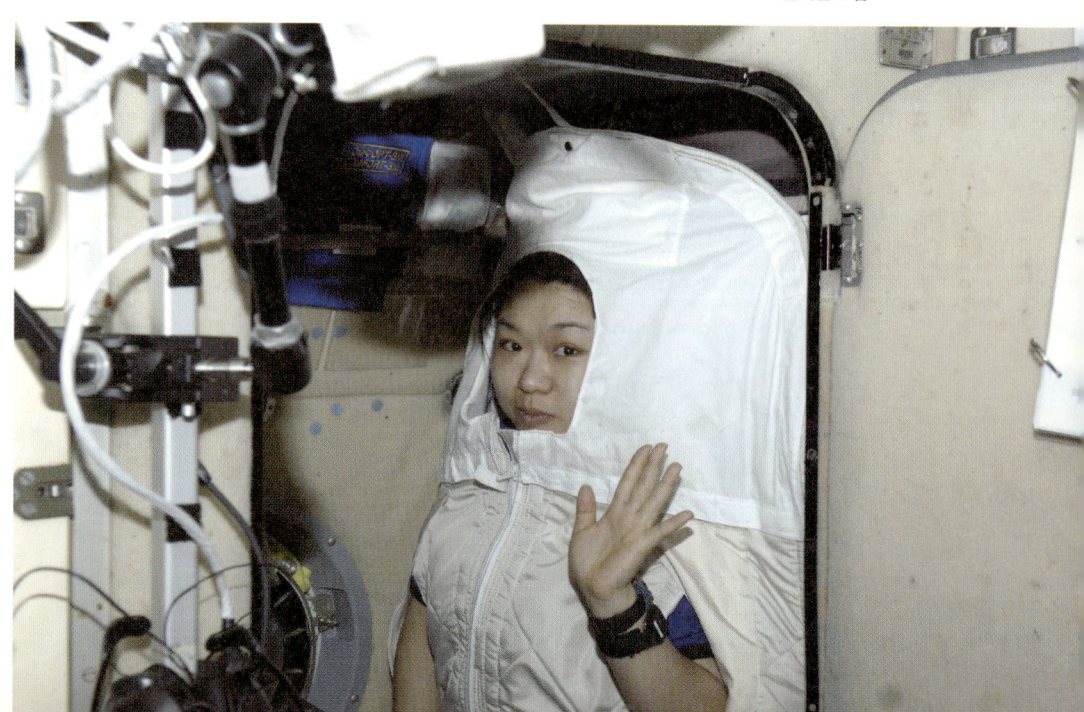

소연의 질문에 말렌첸코가 의뭉을 떨었다. 그러고는 이런 제안을 하기도 했다.

"소연은 아예 우주 공간에서 결혼식을 올려보지 그래? 신랑과 함께 우주를 유영하면 꽤 근사할 것 같지 않아?"

소연은 그저 웃고 말았다. 그러나 한 세월 뒤에는 우주 공간에서 결혼식을 올리는 한국인도 분명히 나타나게 될 것이었다.

그리니치 표준시간으로 06시 30분. 소연이 침대에서 눈을 뜬다. 말이 침대지 벽에 세워서 고정시킨 침낭이다. 거기에 벨크로와 벨트로 몸을 부착시킨 뒤에 잠을 청하는 것이다.

무중력 상태라서 침낭을 눕히는 것과 세우는 것의 차이는 없다. 그러나 나사NASA의 가레트 레이즈만은 고집스럽게 바닥에 누워서 잠을 잔다. 그래야 심리적인 안정감이 유지된다는 것이다. 과연 그럴까?

눈을 떴으니 세면을 할 차례다. 세면을 할 때는 물이 흘러내리지 않도록 조심해야 한다. 세면도구는 벽에 붙이고, 몸도 벽에 고정시켜야 한다. 그렇게 하지 않으면 세수하는 동안 몸이 붕붕 날아다니

우주정거장에서
과학 실험 임무를
수행 중인 이소연.

게 된다. 몸이 떠올랐을 때 팔이 닿는 곳에 붙잡을 것이 있으면 다행이지만, 가끔은 아무것도 잡지 못하고 허우적댈 때도 있다.

얼굴은 물 대신 젖은 수건으로 닦아 낸다. 이를 닦을 때는 치약을 묻힌 칫솔에 물을 몇 방울 묻힌 뒤 칫솔질을 한다. 칫솔질이 끝나면 입 안의 치약을 휴지에 뱉어 내고 남아 있는 거품은 입자가 공중에 떠다니지 않도록 거즈로 닦아 내야 한다.

06시 50분. 아침 식사를 할 시간이다. 식사 시간은 한 시간 반 정도로 조금 긴 편이다. 무중력 상태라서 소화력이 약해지기 때문이다. 영양분은 천천히, 충분하게 섭취해야 한다. 음식은 진공 포장이나 통조림, 튜브 형태이고 메뉴는 나라별로 다양하다. 소연의 메뉴는 밥과 라면, 김치 등 한국인의 입맛에 맞게 개발된 것이다.

진공 포장된 고추장과 된장국은 빨대로 빨아 먹어야 한다. 라면은 미지근한 물을 부어서 적당히 불린 뒤에 먹는다. 우주정거장은 기압이 약해서 상당히 낮은 온도에서 물이 끓는다. 뜨거운 물을 구하기 어려운 이유다. 그래서 우주 라면은 미지근한 물로 조리할 수 있도록 특별하게 만들어졌다. 디저트는 수정과인데 역시 분말에 물을 부어 빨아 먹는다.

07시 50분. 과학 실험을 시작해야 할 시간이다. 실험의 종류는 18가지나 된다. 하나에 집중해서도 안 되고 5분, 10분 단위로 실험 주제를 바꿔 가면서 작업을 해야 한다. 어떤 작업을 하든 다른 실험들의 진행 과정까지 신경을 써야 한다. 보통 일이 아니었다.

13시 10분. 점심 식사 후에도 실험은 계속된다. 소연은 귀환할 때까지 모두 116차례의 실험을 소화하게 되어 있다. 작업 일정이 너무 빡빡하다 보니 낮에는 자유 시간을 단 1초도 만들기가 어렵다.

조금 숨통이 트이는 것은 저녁 식사를 마친 뒤다. 이때 우주인들은 가족과 연락하거나 음악 감상, 독서 등 취미 생활을 즐기기도 한다. 물론 소연은 이 시간에도 생방송 연결을 통해 우주 생활을 소개하는 등 실험 외의 스케줄을 진행해야 한다.

마침내 잠자리에 드는 시간은 저녁 9시 30분. 소연은 우주정거장의 10일 중 또 하나의 소중한 하루가 흘러간 것을 아쉬워하면서 잠을 청한다.

얼굴이 많이 부었다. 예상은 했지만 심각할 정도다. 우주인 선발 과정에서 배운 바와 같이 혈액과 체액이 얼굴에 몰리기 때문이다. 대신에 키는 3센티미터나 늘어났다. 척추의 뼈와 뼈 사이가 늘어났다는 증거였다.

보이는 변화도 있지만 보이지 않는 변화도 있다. 뼈에서는 칼슘이 빠져나간다. 근력도 약해지기 마련이다. 그 때문에 우주 비행사들은 틈틈이 운동을 해야 한다. 소연도 런닝 머신을 시작했다. 무중력이라서 지구에서와 같은 효과를 기대하기는 어렵지만 그래도 뭔가 하지 않으면 안 된다. 세르게이는 앉아서 고무줄을 당기는 훈련을 시작했다.

'불과 며칠이 지났을 뿐인데도 이 정도면, 몇 달 동안 우주정거장에서 버텨야 하는 사람들의 고통은 어떨까.'

소연은 그들이 새삼 존경스러웠다. 페기 윗슨과 유리 말렌첸코는 6개월째 우주정거장에 머무르고 있다. 가레트 레이즈만은 우주정거장에 온 지 한 달밖에 되지 않았지만 10월까지 머무를 예정이었다.

"10월이면 뼈가 삭아서 꼬부랑 할아버지가 될까 걱정이네요."

소연이 농담을 하면 가레트가 넉살 좋게 대답한다.

"그래서 틈틈이 야구를 하지. 근력과 집중력을 키우는 데는 야구만한 운동이 없거든."

"거짓말. 좁아터진 우주정거장에서 야구를 한다구요? 포지션이

근력 강화를 위해
런닝 머신과 고무줄 당기기
운동을 하고 있다.

뭔데요?"

"투수야. 내가 우주 비행사가 되지 않았다면 아마 메이저 리거가 되었을 거야."

"메이저 리거는 아무나 하나요?"

한때 LA다저스의 에이스로 명성을 날리던 박찬호 선수를 떠올리며 소연이 코웃음을 쳤다. 그러나 가레트는 아랑곳하지 않았다.

"생각해 봐. 내가 여기서 공을 던지면 화성까지 날아갈 수도 있어. 지구 상에 나만큼 멀리 공을 던질 수 있는 사람이 있다면 나와 보라고 그래."

맞는 말이긴 했다. 중력이 없으면 화성이 아니라 안드로메다까지도 공을 날릴 수 있을 것이다. 엄청난 시간이 걸리긴 하겠지만.

소연은 가레트의 말을 우스개 소리로만 생각했는데, 며칠 뒤에 그는 정말로 야구공을 던졌다. 그것도 뉴욕 양키스와 보스턴 레드삭스의 메이저 리그 경기에서 시구를 던진 것이다. 물론 우주정거장의 카메라를 향해서 던진 것이긴 했지만 공식적인 시구였다. 가레트가 진짜 메이저 리그의 투수처럼 공을 던지는 그 장면은 양키스타디움의 전광판을 통해 생생히 중계되었다. 아무도 못 말리는 야구광의 열정이었다.

"태극기를 옆에 걸고 또 가슴에도 달았는데, 거기 우주정거장 맞나요? 마치 가까이 있는 것처럼 보이네요."

모니터에 나타난 그 사람은 이런 말로 대화를 시작했다. 소연은 대답에 앞시서 인형 하나를 꺼내 들었다.

"네, 맞습니다. 이 인형이 보이시나요?"

소연이 인형을 공중에 띄우자 인형은 해파리처럼 느릿하게 움직였다.

"이렇게 인형이 떠다닙니다. 여기는 무중력이거든요."

그 사람이 허허, 하고 웃었다. 그리고 말을 이었다.

"우주에서의 생활은 어때요. 표정은 밝아 보이는데, 힘이 들지는 않나요?"

"처음 하루 이틀은 힘들었지만 오늘은 많이 좋아졌습니다. 사실 대통령님과 얘기를 나눌 예정이라고 해서 컨디션이 나빠지면 어쩌나 하고 하루 종일 걱정했는데 다행입니다."

'그 사람'은 대한민국의 이명박 대통령이었다. 두 사람은 위성을 통해 화상 통화를 막 시작하는 참이었다.

"안심이 됩니다. 지금까지 우리 대한민국 상공을 몇 번이나 지나갔다는데, 대한민국은 보기에 아름답습니까?"

"대한민국도 그렇지만 지구 전체가 매우 아름답습니다. 지금까지 사진으로만 보던 것을 3차원 영상으로 보고 있는 것 같은 느낌이었습니다."

"정말로 그 많은 별 중에 지구가 가장 아름답습니까?"

"정말 그렇습니다."

가장 아름다운 별 지구. 소연의 말은 진심이었다. 갑자기 가슴이 뭉클해지는 바람에 하마터면 뒤에 서 있는 동료들의 존재를 잊을 뻔했다. 소연은 대통령에게 그들을 소개했다.

"보시다시피 제 뒤에 있는 두 사람이 저와 함께 소유스호에 탑승했던 우주인들입니다. 대통령님을 만나기 위해 같이 나왔습니다. 왼쪽이 세르게이 볼코프 선장이구요, 오른쪽이 올레그 코노넨코입니다. 그리고 옆에 있는 사람은 원래 우주정거장에 있었던 유리 말렌첸코입니다."

"볼쇼이 스파시바(대단히 감사합니다)."

대통령이 갑자기 러시아어를 하는 바람에 소연은 깜짝 놀랐다.

"대통령님이 러시아어까지 하실 줄은 몰랐습니다. 사실 오늘은 러시아의 유리 가가린이 인류 최초로 우주 비행에 성공한 날입니다. 우주인의 날이라고 해서 우주 비행사들에겐 일종의 명절인 셈이죠. 그래서 명절을 뜻깊게 보내기 위해 한국 음식들을 준비했구요, 이것을 다 같이 나눠 먹을 예정입니다."

소연은 대통령에게 김치, 라면, 홍삼차, 수정과 같은 음식들을 보여 주었다. 대통령은 파안대소를 했다.

"아주 알뜰하게 다 챙겨 갔네요."

"네. 원래 한국 사람들은 손님 대접하기를 좋아하잖아요. 그래서 이 사람들에게 한국 음식을 대접하기로 했습니다."

"이소연 씨는 대한민국 국민 모두의 자랑입니다. 이제 한국 최초 여성 우주인으로 국위를 선양했으니 끝까지 자랑스럽게 생각하십시오."

소연이 가슴속에 오래도록 품고 있던 생각을 대통령에게 털어놓았다. 참으로 좋은 기회라는 생각이 들었기 때문이었다.

"대통령님을 비롯해서 대한민국 사람들 모두가 우주에 올 수 있도록 우리나라의 과학 기술이 발전했으면 좋겠습니다. 대통령님, 부디 도와주세요."

소연의 어조는 부드러웠지만 내용은 간절했다. 과학 기술의 도움 없이 어떻게 대한민국이 21세기를 호령할 수 있겠는가. 이공계를 기피하고 폄하하는 나라가 어떻게 선진국과 어깨를 나란히 할 수 있겠는가. 대통령도 고개를 끄떡였다.

"이번의 우주 탐사를 계기로 해서 대한민국이 세계에서 손꼽히는 우주 강국이 될 수 있도록 다 함께 힘을 쏟도록 합시다."

"감사합니다. 저도 최선을 다하도록 하겠습니다."

아무래도 연결이 끊길 것 같아서 소연은 재빨리 한마디를 덧붙였다.

"우주에 오게 되니까 과학 기술이 얼마나 중요한 것인지를 다시 한 번 절감하게 되었습니다. 과학의 날인 4월 21일에만 과학의 중요성을 강조하실 게 아니라 1년 365일 내내 과학 기술 발전을 위해 많은 도움을 주시기 바랍니다."

"알겠습니다. 한국에 돌아오면 청와대에 꼭 한번 놀러 오십시오."

"감사합니다. 꼭 가겠습니다. 대통령님, 잊어버리시면 안 됩니다."

통화가 끝난 뒤 소연은 멍한 얼굴로 그 자리에 서 있었다. 가슴에 있는 말을 쏟아 내긴 했는데, 하고 싶었던 수많은 말 중에서 몇 마디밖에 꺼내지 못한 기분이었다. 마치 사랑하는 이에게 고백을 준비했던 사람처럼. 하긴 과학의 중요성을 논하는 얘기가 어찌 몇 마디 말로 가능하겠는가. 며칠 밤을 새워도 모자랄 판인데.

"한국의 대통령이 러시아어로 인사를 하다니. 이거 정말 놀랐는걸."

"우리에게 한국 음식을 대접하겠다고 했지? 그 말 책임져야 해."

소연의 주위에 서 있던 우주인들이 일제히 너스레를 떨기 시작했다. 본래의 표정을 되찾은 소연은 픽, 하고 웃고 말았다.

"맵다고 원망하지나 말아요."

우주인의 날을 기념하는 회식이 시작되었다. 소연은 아껴 두었던 김치와 고추장, 라면 등을 한 아름 들고 와서 우주 비행사들에게 나누어 주었다. 물론 조리 방법을 친절하게 가르쳐 주는 것도 잊지 않았다.

정확한 이유는 밝혀지지 않았지만 무중력 공간에서 오래 생활하다 보면 우주 비행사들의 입맛이 바뀌게 된다. 평소 식성과는 관계없이 맵거나 단 음식을 찾게 되는 것이다. 맵기로 소문난 한국 음식은 그래서 안성맞춤이었다.

246

우주정거장에서
한국산 우주 식량을
선보이고 있다.

우주인 중에서 페기 윗슨이 한국 음식을 좋아한다더니 과연 사실이었다. 그녀는 쌀밥을 고추장에 비벼서 먹고 있었는데, 숟가락으로 밥을 비비는 솜씨가 한국 사람 못지않았다.

"과연 맛있어. 은퇴하면 한국 음식점이나 차려 봐야 겠군. 야구장 근처에 말이야."

가레트는 칭찬을 할 때도 야구광의 본분을 잊지 않았다.

"말레이시아 우주인과 같이 있을 때에는 말레이시아 음식점을 차리겠다고 했다면서요. 아예 음식 백화점을 하나 차리시죠."

"그것도 좋은 생각이야."

김치 통조림이 공중에서 김연아 선수처럼 돌고 있었다. 라면은 학교 근처의 분식집에서처럼 구수한 냄새를 풍겼다.

'불고기나 잡채 같은 것도 우주 식품으로 개발이 되었으면 좋겠는데. 대부분의 외국인들이 사랑하는 맛이니까.'

어디 불고기와 잡채뿐이랴. 육개장이나 곰탕도 훌륭한 우주식 후보였다. 맛도 그렇지만 영양분은 또 얼마나 많은 음식들인가. 소연은 우주 비행사들이 우주정거장에서 한국식으로 잔치를 벌이는 장면을 상상해 보기도 했다.

"소연은 천부적인 우주 비행사야."

식사가 끝나고 어쩌다가 둘만 남게 되었을 때 페기 윗슨이 이렇게 말했다. 소연은 살짝 부끄러웠다. 내가 예비 우주인이었다는 사실을 페기도 알고 있을 텐데.

"저보다 뛰어난 사람이 얼마나 많은데요."

예상치 못한 변수가 생기지 않았다면 이 자리에 서 있는 사람은 고산일 터였다. 그래서 소연은 고산에게 미안한 마음을 가지고 있었고, 또 그의 몫까지 열심히 하리라 다짐해 왔다. 그러나 과연 내가 고산을 비롯한 다른 우주인들과 어깨를 견줄 만한 인물인가, 라는 질문에는 자신 있게 대답할 수 없었다. 그런데 페기가 느닷없이 소연을 칭찬하고 있는 것이다.

"우주 비행사에게 가장 중요한 덕목이 뭔 것 같아?"

페기가 물었다. 그러고 보니 언젠가 비슷한 질문을 받은 적이 있는 것 같다. 그래, 흑해 생존 훈련에서 나사NASA의 마이클이 똑같은 질문을 했지. 당시 마이클은 끝끝내 답을 가르쳐 주지 않았다.

"가르쳐 주세요. 그게 뭐죠?"

"주위를 따뜻하고 환하게 만들어 주는 힘이야. 언젠가 깨닫게 되겠지만 우주에서는 지식이나 체력보다도 그것이 더 중요해. 그런데 소연은 그걸 갖췄어."

"……."

"몇 과목의 점수를 따져서 우주 비행사를 선발하는 시대는 지났어. 요즘은 점수보다는 팀워크와 조화를 먼저 생각하지. 지식이나 체력도 단단한 팀워크 속에서 빛을 발하는 법이거든."

그러니까 소연은 8개월 만에 마이클의 질문에 대한 답을 들은 셈이었다. 그것도 강철의 여성 커맨더인 페기 윗슨의 입을 통해서.

"우주정거장의 생활도 며칠 뒤면 끝이지? 그때까지 최선을 다해 줘. 그리고 후회 없이 나하고 돌아가는 거야."

소연은 고개를 끄떡였다.

'고마워요, 페기. 귀환할 때에도 당신의 훌륭한 동료가 되어 보이겠어요.'

'최고는 항상 바뀐다. 그러나 최초는 끝까지 기억된다.'

러시아의 어떤 우주 비행사가 한 말이다. 바로 그 최초라는 명예를 얻기 위해서 미소 양국의 수많은 우주 비행사가 피와 땀을 흘려야 했고, 심지어는 생명까지 바쳐야 했다. 첩보원들은 상대방의 기술을 알아내기 위해 혈안이 돼 있었고, 양국의 정부는 어떤 무리수를 두더라도 상대보다 앞서기를 원했다.

최초의 인공위성과 우주 비행사의 명예는 소련이 차지했지만 최초로 달에 족적을 남긴 것은 미국의 우주인이었다. 최초로 화성에 착륙한 것도 미국의 우주선이었다.

그러다가 경쟁의 시대가 갑작스럽게 막을 내린다. 협력의 시대가 도래한 것이다. 미국 우주인이 러시아의 우주선을 타고 올라간다든지, 러시아의 기술자가 나사NASA의 일을 돕는 것은 아주 흔한 일이 되어 버렸다. 우주정거장을 건설하는 일에는 무려 10개국 이상이 참가하고 있다. 적어도 표면적으로는 우주 공영의 시대였다.

유리 말렌첸코와 세르게이 볼코프는 러시아인이다. 페기 윗슨과 가레트 레이즈만은 미국의 우주 비행사였다. 한 세월 전에는 원수처럼 으르렁거렸을 사람들이 절묘하게 손과 발을 맞추어 임무를 척척 수행하는 것을 보고 있노라니 소연은 슬그머니 웃음이 나왔다.

그들은 놀라울 정도로 호흡이 척척 맞았다. 우주정거장에 처음 올라온 세르게이 볼코프와 올레그 코노넨코도 일하는 것만 봐서는 베테랑 우주인 못지않았다. 작업 도중에 그들의 모습을 훔쳐보던 소연은 아쉬운 생각이 들었다.

'미국과 러시아가 아니라 남한과 북한의 우주인이 호흡을 맞춰서 일하고 있는 거라면 얼마나 보기가 좋을까.'

소연은 불과 한 달 전에 쏘아 올린 일본 모듈 '키보'의 문 위에 적혀 있던 글귀 하나를 떠올렸다. '후지산 위의 가장 높은 일본 땅에 오신 것을 환영합니다'라는 글귀였다. 그 짧은 글귀에 담겨진 어마어마한 자부심, 소연은 그것을 얼마나 부러워했던가.

'백두산 위의 가장 높은 대한민국의 영토에 오신 것을 환영합니다.'

소연은 이런 글귀가 적힌 대한민국의 모듈을 상상해 보았다. 생각만 해도 가슴이 두근거렸다.

'그날은 꼭 오겠지. 아무렴, 그렇고 말고.'

계절이 지나가는 하늘에는
가을로 가득 차 있습니다.

나는 아무 걱정도 없이
가을 속의 별들을 다 헬 듯합니다.

가슴속에 하나 둘 새겨지는 별을
이제 다 못 헤는 것은
쉬이 아침이 오는 까닭이요
내일 밤이 남은 까닭이요
아직 나의 청춘이 다하지 않은 까닭입니다.

별 하나에 추억과
별 하나에 사랑과
별 하나에 쓸쓸함과
별 하나에 동경과
별 하나에 시와
별 하나에 어머니, 어머니.★

윤동주의 시
〈별 헤는 밤〉 중에서.

삭막한 우주정거장에 슬프고 아름다운 시가 울려 퍼진다. 윤동주의 〈별 헤는 밤〉이었다. 영상 강연을 통해서 한국의 문화를 알리는 것도 소연의 할 일이었다. 그래서 소연은 태극기와 훈민정음을 지구와 연결된 카메라 앞에서 소개한 바 있었다. 그러나 〈별 헤는 밤〉을 소개할 차례가 됐을 때는 잠시 눈시울이 뜨거워지기도 했다.

가슴속에 하나 둘 새겨지는 별을 이제 다 못 헤는 것은 쉬이 아침이 오는 까닭이요, 내일 밤이 남은 까닭이요, 아직 나의 청춘이 다하지 않은 까닭입니다.

이 대목이 곧 우주정거장에서 떠나야 할 소연의 심정을 대변해 주는 것 같아서였다. 별을 헤기도 전에 아침이 왔다—아직 내 청춘은 끝나지도 않았는데.

생각해 보면 얼마나 많은 세월을 우주인이 되기 위해 노력해 왔던가. 국내에서 테스트를 받은 것만 해도 1년이었고 러시아에서 훈련을 받은 기간도 1년이 넘었다. 수많은 어려움을 헤치고 여기까지 왔는데 주어진 시간이 고작 8일뿐이라니. 처음 올라왔을 때는 느끼지 못했지만 날이 갈수록 아쉬움은 커져만 갔다.

'언젠가 우리나라의 우주선을 타고 올라오는 사람들은 훨씬 오랫동안 머무를 수 있겠지. 이런 나의 아쉬움을 그들에게 전할 수 있었으면.'

지구로 돌아오다

4월 18일. 귀환 일이 하루 앞으로 다가왔다. 이제는 실험도 거의 끝난 상태다. 가지고 돌아가야 할 결과물은 8킬로그램가량. 일찌감치 귀환모듈에 옮겨 실어야 한다.

소연을 태우고 귀환하게 될 모듈의 이름은 소유스 TMA-11이다. 지난해 10월 10일에 발사된 우주선이었다.

소연은 특수하게 만들어진 바지를 입고 귀환을 준비하기 시작했다. 상체에 몰린 혈액과 체액을 원상태로 되돌려 주는 바지였다. 그리고 저녁에는 국제우주정거장ISS의 임무 교대식에 참석했다. ISS의 16차 원정대가 17차 원정대에게 임무를 넘기는 자리였다.

그동안 ISS의 커맨더는 페기 윗슨이었다. 이제 그녀는 세르게이 볼코프에게 커맨더 자리를 물려주게 될 것이었다.

"이 아름다운 우주정거장을 지금부터 당신에게 맡깁니다."

다 함께 모인 자리에서 페기가 선언했다.

"당신들이 일을 잘해 낼 거라고 믿어 의심치 않습니다. 세르게이는 훌륭한 선장이 될 것입니다."

이번엔 세르게이가 답사를 할 차례였다.

"지금 이 순간부터 17원정대는 우주정거장을 물려받습니다. 이렇게 아름다운 우주정거장을 인계해 주셔서 대단히 감사합니다. 지구로 돌아갈 때 멋진 여행이 되시기 바랍니다. 행운을 빌겠습니다."

"우리가 선물을 준비했습니다."

공식적인 답사가 끝나자 페기가 장난스럽게 웃기 시작했다.

"첫 번째 선물은 가레트 레이즈만입니다."

페기와 유리 말렌첸코가 가레트를 번쩍 들어 올린 뒤에 세르게이 쪽으로 밀었다. 무중력 상태라서 가레트는 정말로 선물처럼 전달되고 있었다. 일제히 폭소가 터졌다. 가레트는 10월에 귀환할 예정이었다. 그때까지 그는 17차 원정대의 멤버로 계속해서 활약하게 될 것이었다.

"두 번째 선물은 가레트보다 더 중요한……"

기대하라는 듯 페기가 뜸을 들였다.

"머스터드 소스입니다!"

또다시 요란한 박수와 환호가 터졌다. 대체 어떤 사람들이 이처럼 화기애애한 분위기를 만들 수 있을까. 소연은 이 사람들을 두고 지구로 돌아가야 한다는 사실이 다시금 아쉬웠다.

소연은 우주정거장에 남게 될 사람들을 위해 노래 한 곡을 불러주기로 했다. 평소에 즐겨 부르던 〈Fly me to the moon〉이었다.

Fly me to the moon and

Let me play among the stars

Let me see what spring is like

On Jupiter and Mars

나를 달까지 날아가게 해줘요.

별들 사이를 누비며 목성과 화성의 봄이 어떤지 보게 해주세요.

우주에서, 이소연입니다

In other words, hold my hand
In other words, darling kiss me

다시 말해서, 내 손을 잡아 주세요.
다시 말해서, 연인이여 내게 키스를 해주세요.

Fill my heart with song and
Let me sing for ever more
You are all I long for
All I worship and adore

내 맘을 노래로 채우고
영원히 그 노래를 부르게 해주세요.
그대는 내가 갈망하고 숭배하며 동경하는 사람입니다.

잠들기 전에 소연은 유리창을 통해 지구를 다시 한 번 바라보았다. 처음에는 멀미 때문에 제대로 볼 수 없었지만 어느 정도 적응이 된 지금은 한참을 지켜봐도 어지럽지 않았다. 이제 겨우 적응하기 시작했는데 떠나가야 하다니. 소연은 가볍게 한숨을 내쉬었다.

어머니의 별 지구. 그 지구를 당분간은 현재의 위치에서 바라보기 힘들 것이다. 그래서 소연은 지구의 모습을 마음에 영원히 담아두고 싶었다.

우주정거장은 중앙아시아의 사막에 이어 바다를 지나가고 있었다. 해안선이 문득 낯이 익다 싶더니 건너편에 작은 반도가 나타났다. 한반도였다. 소연이 태어나 자랐고, 우주로 날아가는 꿈을 키웠던 바로 그곳이었다.

지상에서는 두 개의 체제로 갈라져 있지만 우주에서 보는 한반도는 하나였다. 이념이나 체제가 덧없게 느껴지는 순간이었다.

'지금도 지구 상의 어느 곳에선 이념이나 종교, 경제적인 이익 때문에 피 흘리며 싸우는 사람들이 있겠지. 아프리카에는 굶어 죽는 사람도 많을 테고, 고작 1달러의 치료비가 없어서 병들어 죽어가는 사람들도 있겠지……'

우주에서 바라본 지구에는 국경도 없었고 빈부 차이나 인종 차별도 없었다. 그저 대지와 바다, 그리고 사람이 있을 뿐이었다.

'이렇게 보면 모두가 한가족인데 사람들은 왜 고통을 만들고 또 그것을 숙명처럼 짊어지고 살아가는 걸까……'

소연은 황홀한 광경 앞에서도 절로 마음이 무거워졌다. 그것이 우주정거장의 마지막 밤이었다.

그리니치 표준시간으로 4월 19일 11시 20분. 우주정거장과 연결되어 있던 소유스 TMA-11호의 해치가 굳게 닫혔다. 다시는 열리지 않을 문이었다. 소연과 페기, 그리고 유리는 적당한 긴장을 유지한 채 호흡을 가다듬고 있었다.

이제 당분간은 우주정거장에 발을 딛지 못할 것이다. 이렇게 생각하니 소연은 가슴 한구석이 아려 오는 것 같았다. 소연은 작은 유리창을 통해 찬란하게 빛나는 별들을 바라보았다.

지금 이 순간에도 별들은 끝없이 탄생하고 또 소멸되고 있을 것이다. 가장 밝게 빛나는 별은 대개 초신성超新星이다. 초신성은 폭발한 별의 잔해를 말한다. 생명을 바쳐야 가장 밝은 빛을 만들 수 있다니. 별의 생애도 사람의 그것과 비슷했다. 특히 우주 비행사들이 그랬다.

"무슨 생각?"

귀환모듈의 커맨더 유리 말렌첸코가 물었다. 그는 소연의 긴장을 풀어 주기 위해 적잖게 애를 쓰는 눈치였다.

"별을 생각하고 있었어요. 저기 보이는 모든 별들이 저마다 이름을 하나씩 가지고 있겠죠?"

"있겠지. 천문학자들은 이름 붙이기를 좋아하는 사람들이니까."

"우리나라의 천문학자들도 마찬가지였나 봐요. 2천 년 전에 별들의 이름을 다 붙였을 정도니까요."

"2천 년 전이라고? 모두 몇 개의 별이었는데?"

"1,467개요."

"1,467개라고? 믿을 수 없는 걸. 망원경이 없다면 사람이 볼 수 있는 별의 수는 고작 3, 4천 개에 불과하잖아."

"그러니까 대단한 거죠. 우리 조상이 만든 별자리의 지도를 '천상열차분야지도天象列次分野之圖'라고 하는데 우리나라에서 새롭게 만든 지폐에도 그 도안이 들어가 있어요."

유리가 고개를 갸웃거렸다. 믿기가 어렵다는 얼굴이었다.

"한국은 정말 신비로운 나라군."

"알아보면 신비로운 게 엄청나게 많을 걸요."

"하긴 월드컵의 거리 응원도 보통 일은 아니었지. 그렇게 많은 사람들이 쏟아져 나온 것도 처음 봤고 그 사람들이 자발적으로 질서를 유지하는 모습은 더욱 감동적이었어."

"히딩크에게 안부나 전해 주세요."

히딩크 감독이 러시아 대표팀을 맡고 있다는 사실을 떠올리며 소연이 농담을 했다.

"그러지. 만약 만나게 된다면 말이야."

유리는 여전히 진지했다.

오후 2시 20분. 소유스 우주선에 연결돼 있는 장치들이 풀어지면서 도킹이 해제됐다. 우주정거장과 소유스가 서로 작별을 고한 것이다.

'정들었던 우주정거장이여, 안녕.'

초당 약 10센티미터 속도로 멀어지는 우주정거장을 향해 소연은 마음속으로 손을 흔들었다. 만약 다시 올 기회가 있다면 훨씬 크고 근사한 모습으로 맞이해 줄 우주정거장이었다.

우주정거장으로부터 약 20미터 정도 떨어졌을 때 엔진이 아주 잠깐 점화된다. 우주정거장과의 거리를 멀리 떨어뜨리기 위해서다.

우주정거장을 떠난 소유스는 2시간 30분 동안 혼자서 지구 궤도를 돌았다. 올라올 때는 이틀이나 걸렸지만 내려갈 때 걸리는 시간은 3시간 30분이 고작이다. 그래서 착륙 과정은 발사 과정보다 훨씬 더 위험하다.

"추진 모듈을 점화합니다."

오후 4시 50분. 카운트다운 끝에 추진 모듈이 불을 뿜었다. 4분 21초 동안 분사되는 엔진의 힘은 소유스를 지구 궤도에서 끌어내려 지구상으로 하강하게 만든다.

분사가 끝나자 궤도 모듈과 추진 모듈이 분리되어 나간다. 분리된 모듈들은 대기권을 통과하다가 불꽃이 되어 사라질 것이다. 여기까지는 무척 순조롭다. 페기와 유리의 표정도 비교적 밝은 편이다.

3분 뒤, 소유스의 귀환모듈은 지상 122킬로미터 상공까지 하강한다. 이제 대기권에 본격적으로 진입할 단계다.

"지구에 돌아가면 제일 먼저 뭘 하고 싶어?"

페기가 묻는다. 글쎄, 뭘 해야 할까. 하고 싶은 일이 너무 많아서 선뜻 입을 열기가 어려웠다. 올라갈 때 보다 숙제가 열 배는 더 늘어난 느낌이었다.

"뭔가 이상한데."

갑자기 커맨더 유리 말렌첸코의 낯빛이 흐려진다. 페기의 얼굴에도 긴장이 어린다.

러시아인들이 즐겨 먹는 꼬치구이.

"각도가 왜 이 모양이죠? 잘못하면 대기권에서 샤실릭★이 되고 말겠어요."

상황이 심상치 않았다. 원래 귀환모듈은 지상을 기준으로 30도 각도를 유지하면서 대기권에 진입하게 되어 있었다. 그런데 현재의 각도는 무려 50도를 넘어서서 60도, 70도에 육박하고 있었다. 지상에 수직으로 내려 꽂히는 탄환 꼴이 되고 만 것이다.

"자동항법장치에 문제가 생긴 것 같아."

커맨더의 말이 끝나기도 전에 엄청난 중력 가속도가 몰려왔다. 마치 몸이 돌아가는 롤러 가운데에 끼워진 느낌이었다. 고통 때문에 소연은 눈조차 제대로 뜰 수 없었다. 억지로 눈을 떠도 초점이 제대로 잡히지 않았다.

소연의 뿌연 시야에 빨간 불이 들어왔다. 소유스가 탄도 비행 모드로 접어들었다는 신호였다. 소유스는 이제 지상으로 곤두박질하는 거대한 포탄이었다.

'아, 이제 우리는 돌아오지 못할 길을 가고 있구나.'

소연의 정신이 가물가물해졌다. 얼굴에서 30센티미터 떨어진 유리창 밖은 이미 화염으로 가득했다. 그것도 흔히 볼 수 있는 불꽃이 아니라 무쇠라도 증발시킬 것만 같은 창백한 불꽃이었다. 소유스의 추락 속도가 워낙 빨라서 대기와의 마찰열이 극대화되었다는 증거였다.

지나간 날들이 주마등처럼 눈앞을 스쳐갔다. 순서도 뒤죽박죽이었다. 이것이 마지막 순간에 보인다는 환상일까.

'어떻게 여기까지 왔는데, 정신을 잃으면 안 돼. 훌륭한 동료가 되기로 페기와 약속했잖아.'

귀환 歸還

바깥의 열기를 못 이겼는지, 아니면 안에서 따로 불이라도 난 것인지 계기판에서 연기가 피어오르기 시작했다. 매뉴얼에 의하면 이럴 경우 취할 수 있는 행동은 딱 하나다. 누군가가 손을 들어 전원 스위치를 누르고 있었다.

순탄하게 궤도 비행을 하던 소유스가 갑자기 화면에서 사라졌다. 지도에도 위치가 잡히지 않는다. 모니터를 지켜보던 임무통제센터의 직원들의 얼굴은 말 그대로 사색이 되어 있었다.

우주선이 대기권에 진입할 때 교신이 잠깐 끊기는 것은 자연스러운 현상이다. 대기와의 마찰열 때문이다. 그러나 10분, 20분이 지나도 소유스의 위치가 잡히지 않는다면 이것은 우주선에 뭔가 커다란 문제가 발생했음을 의미한다.

페르미노프 우주청장의 얼굴이 심각해졌다. 소유스의 착륙 예정지는 카자흐스탄 바이코누르에서 400킬로미터쯤 떨어진 코스타나이 평원이었다. 구조대와 취재진은 이미 예정지에 자리를 잡고 소유스를 맞이할 준비를 하고 있었다.

우주선이 대기권에 진입했다면 마찰열에 의한 불꽃 때문에 구조대의 눈에 띄기 마련이다. 그러나 그쪽에서는 소유스를 보았다는 아무런 연락이 없다. 그렇다면 소유스는 대체 어디에 있다는 말인가.

우주인개발단의 최기혁 단장은 눈앞의 현실을 믿을 수 없었다. 백 번 발사하면 두세 번꼴로 사고가 난다는 소유스였다. 설마 확률의 지독한 함정에 빠져 버린 것일까. 소유스의 귀환이 실패로 돌아간다면 한국 사람들은 엄청난 쇼크를 받게 될 것이었다. 그뿐이랴, 한국의 우주 과학은 그대로 치명타를 입게 되는 셈이었다.

'하느님. 제발 소유스를 굽어 살피소서.'

그는 마음속으로 기도했다. 원래부터 신앙을 가지고 있긴 했지만 그토록 간절한 기도는 태어나서 처음이었다.

이제 소유스 안에서는 할 수 있는 일이 아무것도 없었다. 정상적으로 대기권에 진입했다면 방향타를 조정해서 모듈의 무게 중심을 잡을 수가 있으련만, 이제는 모든 것이 불가능해졌다. 그저 하늘의 뜻을 기다릴 뿐이었다.

낙하산은 제대로 펴질까? 우리는 지금 어디에 떨어지고 있는 것일까. 히말라야 산맥? 남극이나 북극? 아니면 태평양 한복판?

계기판의 전원이 꺼졌으니 현재의 고도가 얼마나 되는지도 알 수가 없다. 언제 부딪힐까. 어디쯤 부딪힐까. 이제인가 저제인가 하는 기다림이 세 사람에겐 가장 큰 두려움이었다.

시간이 얼마나 지났을까. 커다란 망치로 얻어맞는 듯한 엄청난 충격이 세 사람의 몸을 강타했다. 소연은 비명을 지르고 말았다. 태어나서 처음 맛보는 지독한 고통이었다.

귀한 모듈이 떨어진 지점에 구조헬기가 도착하여 우주인들을 살피고 있다.

순간, 소연의 의식이 흐릿해졌다.

착륙 예정지로부터 서쪽으로 420킬로미터쯤 떨어진 초원. 소 떼를 몰고 다니면서 풀을 먹이던 유목민들은 그날 이상한 광경을 목격했다. 벌건 대낮에 하늘에서 별이 떨어진 것이다. 별은 요란한 소리를 내면서 땅바닥과 부딪히더니 이내 잠잠해졌다.

겁을 먹은 사람들은 여차하면 소 떼를 버려두고 달아날 생각이었지만 더 이상 아무 일도 일어나지 않았다. 한참을 지켜보던 사람 중에서 용기 있는 사람 몇 명이 슬금슬금 별이 떨어진 곳으로 다가가기 시작했다. 별은 금속으로 만들어져 있었는데 표면은 새까맣게 그을려진 상태였다. 그리고 몇 장의 커다란 헝겊이 주위에 널려 있었다.

유목민들은 그 물체의 정체에 대해 의견을 나누어 보았지만 이렇다 할 결론을 내지 못했다. 그저 재앙의 징조가 아니기를 바랄 뿐이었다.

사람들이 저마다 집으로 돌아가서 가족에게 이 사실을 알리려는데, 갑자기 별의 모퉁이가 떨어져 나갔다. 사람들은 깜짝 놀라 물러났고, 비명을 지르는 사람도 있었다.

다음 순간, 떨어진 모퉁이에서 흰옷을 입은 사람이 상체를 내밀었다. 몸을 제대로 움직이지 못하는 걸로 봐서 꽤 심한 부상을 입은 듯했다. 그는 시종일관 뭔가를 중얼거리고 있었는데, 표정을 보니 도와달라는 뜻인 것 같았다.

유목민들은 다시 용기를 냈다. 흰옷을 입은 사람에게 적의는 없어 보였기 때문이었다. 유목민들이 그 사람을 끌어내는데, 그의 손끝이 기계 안쪽을 가리켰다. 안에 누가 또 있는 모양이었다.

한참 애를 쓴 끝에 두 사람을 더 꺼낼 수 있었다. 역시 나머지 두

구조대가 우주인들의 물품을
점검하고 있다.

소유스 TMA-11 귀환모듈.

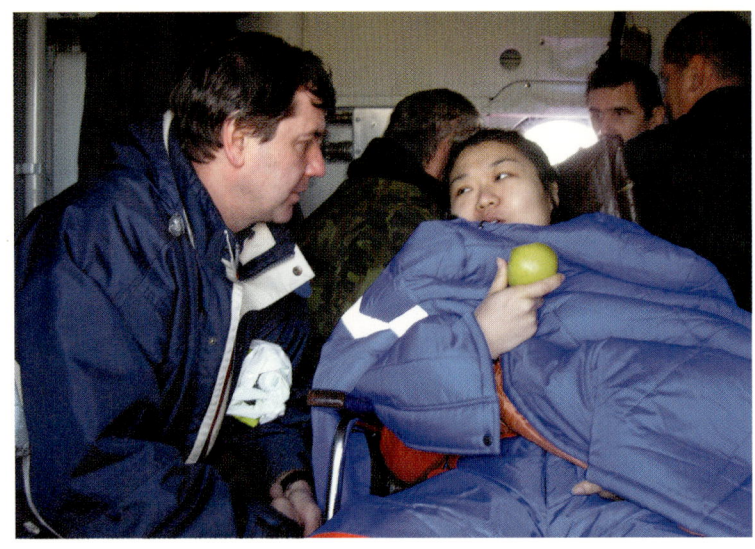

구조 차량에 옮겨 탄
이소연의 몸상태를
확인하고 있는 구조원.

사람도 흰옷을 입고 있었다. 세 사람은 초원에 벌렁 누워 눈부신 하
늘을 바라보고 있었다. 웃는 것 같기도 하고 우는 것 같기도 한 표
정들이었다.

　일부 유목민은 세 사람이 살아 있는 건지 막대기로 건드려 가며
확인해 보았지만 대부분은 멀찌감치 떨어진 곳에서 세 사람을 지
켜볼 뿐이었다. 그런데 하늘 저편에서 요란한 소리가 일더니 두 대
의 헬기가 나타났다. 헬기는 곧바로 이쪽을 향해 다가오고 있었다.

　'오늘은 참 신기한 구경을 많이 하게 되는구나.'

　유목민들은 저마다 이런 생각을 하고 있었다.

　생각지도 못했던 곳에서 유리 말렌첸코의 통신이 들어오자 침묵
에 빠져 있던 MCC에는 일제히 환호의 함성이 울려 퍼졌다.

　"세 사람 모두 무사하답니다."

　최기혁 단장은 춤이라도 추고 싶은 심정이었다. 백홍열 원장은

긴장이 한꺼번에 풀린 탓인지 맥없이 자리에 주저앉고 말았다.

대한민국 최초의 우주인 이소연이 무사히 지구에 귀환했다는 소식은 지체 없이 한국에 전달되었다. 사람들은 잠시 연락이 두절되었던 이유까지는 알지 못했지만 세 우주인 모두가 무사하다는 말에 안도했고, 또 감사했다.

먼저 출발한 두 대의 구조 헬기에 이어 더 많은 구조 차량과 취재진들이 움직이기 시작했다. 짧은 순간에 생사를 넘나들었던 영웅들을 맞이하기 위함이었다.

바람이 살랑거리며 지나간다. 지구의 바람이다. 이렇게 시원하고 상쾌한 바람은 처음이었다.

소연은 모처럼 지구의 중력에 몸을 맡긴 채로 초원에 누워 하늘을 바라보고 있었다. 우주정거장에서 바라본 지구에 못지않은, 아름답고 눈부신 하늘이었다.

"어쨌거나 샤실릭 꼴은 겨우 면한 것 같네."

소연과 나란히 누워 있던 페기가 한숨을 내쉬었다. 폐부에서 우러나오는 한숨이었다.

"조금만 더 충격이 강했더라도……."

유리 말렌첸코가 몸서리를 쳤다. 생각해 보면 삶과 죽음이 종이 한 장 차이였다.

"지구에 돌아가면 제일 먼저 뭘 하고 싶은지 물었었죠?"

소연이 물었다.

"그랬지. 뭘 하고 싶은데?"

"그냥 지구의 아름다움을 만끽하고 싶어요. 특히 중력의 아름다움을요."

그리운 언어가 들려온다. 어느덧 구조대의 발소리가 가까워지고 있었다.

오랜만에 돌아온 교정은 민들레가 한창이었다. 민들레꽃을 떠난 홀씨들은 바람의 결을 따라 가볍게 떠다녔다. 그 홀씨 중 하나가 멋진 탄도 비행을 보이더니 소연의 옷깃에 내려앉았다. 소연은 홀씨를 떼어내면서 5월이구나, 라고 생각했다. 역시 시간은 시계나 달력에서 느낄 수 있는 것이 아니었다. 시간을 가르쳐주는 것은 늘 따로 있었다.

진달래꽃이 한창이던 어느 날, 소연은 우주에 가고 싶다는 생각을 했다. 4월이었을 것이다. 그로부터 두 해가 흘렀고 소연은 같은 자리에서 꽃을 바라보고 있었다. 그때, 진달래꽃을 바라보던 소연은

에필로그

우주를 향한 꿈의 리스트를 만들자

평범한 대학원생에 불과했다. 그러나 지금 다시 민들레를 보고 있는 소연은 세계에서 475번째로 우주에 다녀온 우주 비행사였다. 여성으로서는 49번째였고, 아시아만 놓고 따진다면 일본의 무카이 치아키에 이은 두 번째의 여성 우주인이기도 했다.

무엇이 날 이렇게 바꾸어 놓았을까. 소연은 마음속으로 가만히 물어보았다. 답은 여러 가지가 될 수 있을 터였다. 지금껏 쌓아온 지식, 부모님으로부터 물려받은 건강한 육체 그리고 약간의 행운까지……

그러나 가장 확실한 정답은 역시 '하고 싶다'는 간절함과 '할 수

있다'는 신념이었다. 우주에 가보고 싶다는 생각을 하지 않았다면 아무것도 시작하지 못했을 것이다. 그리고 해낼 수 있을 것인지를 의심했다면 도중에서 몇 번이나 그만 둬야 했을 것이다. 소연은 우주에 가고 싶었고, 그것을 덧없는 꿈이라고 치부하기보다는 무엇부터 시작해야 할 것인지를 먼저 생각했다. 그래서 그녀는 결국 우주에 갔다.

변화는 소연에게만 있었던 것이 아니다. 조금 전에 만났던 항우연의 백홍열 원장은 이런 말을 했다.

"미국항공우주국NASA이 주도하고 있는 국제 달 탐사 프로젝트

에 우리나라가 정식으로 초빙됐어. 예전 같으면 말도 안 되는 일이 잖아. 우리나라의 위상이 그만큼 달라진 거지."

그는 또 이런 말까지 덧붙였다.

"우주 비행사나 과학자가 되고 싶어 하는 아이들이 엄청나게 늘었대. 그뿐인 줄 알아? 요즘은 시장 아주머니들도 소유스니, 우주정거장이니, 무중력이니 하면서 우주에 관한 얘기를 나눈다는군. 이게 어디 돈으로 따질 만한 일이겠어?"

이런 얘기를 들을 때 마다 소연은 가슴이 뿌듯했다. 몇몇 선진국

의 전유물로만 여겨지던 우주선과 우주정거장의 모습이 TV를 통해 우리나라 전역에 생생하게 중계되면서 모처럼 모든 국민이 과학 기술의 위력과 가능성을 실감하게 된 것이었다.

그뿐인가. 장차 우리나라를 짊어지고 나갈 어린 꿈나무들이 모처럼 우주와 과학에 관심을 쏟고 있지 않은가. 꿈을 가진 아이들과, 그리고 눈에 잘 안 띄는 곳에서 묵묵히 땀 흘리는 과학자들이 있는 한 대한민국 우주 과학의 미래는 어둡지 않다. 러시아의 로켓 개발 회사인 흐루니체프사의 사장은 '우주 기술 개발 분야에 올림픽이 있다면 한국이 1등을 할 것'이라며 농담 아닌 농담을 던지지 않았던가.

소연은 문득 고개를 든다. 푸른 하늘이 그곳에 있다. 사랑하는 사람들의 꿈을 싣고 소연이 날아올랐던 하늘이었다. 저 푸름 바깥에 그리운 우주가 있으리라. 소연은 벌써부터 아득한 향수를 느끼고 있었다.

"소연이 누나 맞죠?"

상념에서 깨어난 소연의 눈앞에 꼬마 아이 하나가 서 있다. 소연이 고개를 끄덕이자 꼬마의 얼굴에 밝은 웃음이 번진다.

"사인 좀 해주시겠어요? 친구들에게 자랑하고 싶어요."

소연이 사인을 해주는 동안 꼬마가 고개를 갸웃거린다.

"그런데 뭘 보고 계셨어요? 하늘엔 아무것도 없는데."

"아무것도 없는 게 아니라 네 눈에 보이지 않는 것뿐이란다. 하지만 누나는 똑똑히 볼 수 있지."

"그게 뭔데요?"

소연은 자세를 낮춘 뒤 꼬마의 눈높이에 맞추어 하늘을 바라보았다. 그리고 활짝 웃으며 이렇게 말했다.

"나중에 네가 직접 가서 확인해 보렴."

세월 참 빠르다. 대학로의 어떤 커피숍에서 우주인 논픽션의 집필을 의뢰받았을 때에는 꽤 두툼한 옷을 입고 있었는데, 어느덧 원고를 마무리하고 보니 여름이 목전이다. 마치 한바탕 꿈을 꾼 것 같기도 하다.

바람이 칼날 같던 그 겨울날, 출판사의 편집장으로부터 받아 든 기획서는 필자를 여러 번 망설이게 했다.

가장 큰 이유는 우주인 사업을 바라보는 필자의 선입견이었다. 지금도 우주인 사업에 대해 냉소적인 시각을 가지고 있는 사람이 많고, 어떤 사람들은 인터넷을 통해 악의적인 글을 유포시키기도 한다.

작가의 말

철 안 든 사람들의 신념

냉소까지는 아니었지만 필자 또한 우주인 사업에 대해 곱지 않은 시각을 갖고 있었던 것이 사실이다. 남의 나라 우주선에 자리 한 개를 마련하는 데 200억 원이 넘는 돈을 써야 한다는 것도 마땅치 않았고, 훈련을 충분히 받은 공군 파일럿 중에서 우주인을 선발하면 비용도 크게 절감될 것인데 굳이 민간인을 참가시켜 허튼 돈을 쓰는 것도 불만이었고, 우연히 TV에서 보았던 우주인 선발 행사가 쇼 프로그램 냄새를 내는 것도 마음에 들지 않았다.

필자가 알아본 바에 의하면 우리나라가 독자적으로 유인 우주

계획에 착수할 수 있는 시기는 지금으로부터 약 20년 후가 된다. 그것도 모든 계획이 순조롭게 진행되었을 때나 가능한 얘기다.

우리나라는 올해 12월에 외나로도라는 섬에서 'KSLV-1'이라는 로켓을 발사할 예정인데, 탑재량은 고작 100킬로그램 남짓인데다가 발사체 또한 러시아의 기술을 수입해서 만든 것이라고 했다.

사람을 우주에 태워 보내려면 탑재량이 적어도 10톤은 돼야 한다. 로켓 공학을 조금이라도 공부한 사람은 알겠지만 전자와 후자는 실로 엄청난 기술의 차이를 의미한다. 그런데 우리나라의 로켓 기술은 고작 100킬로그램을 쏘아 올리는 데도 러시아의 발사체를 써야

2008년 6월
김 호 진

한다는 것이다. 그렇다면 뭐가 가장 시급한 일인지 답이 대충 나온다. 먼저 로켓과 발사체를 연구 개발해야 하는 것이다. 우주 강국을 목표로 세웠다면 기본적인 기술부터 개발할 일이었다.

그런데 느닷없이 200억 원이나 들여서 사람 한 명을 우주에 보내겠다고? 그것도 러시아의 우주선으로?

아무리 생각해 봐도 우주인 사업은 '1회성 이벤트'에 가깝다는 생각이 들었다. 포퓰리즘은 정치권만의 용어가 아니다. 일반 대중의 관심을 이끌어 소수 집단의 이익이나 안정을 얻으려 한다면 그것이

271

곧 포퓰리즘이다. 우주인 사업도 그런 맥락에서 해석하는 것이 아닐까, 라는 것이 당시의 솔직한 심정이었다.

그러나 결국 필자는 프로젝트를 맡기로 했다. 이유는 역시 두 가지였다. 목적이나 과정이야 어쨌든 한국인이 우주선을 타고 국제우주정거장으로 올라가는 역사적인 순간을 가까운 곳에서 지켜볼 수 있다는 것이 첫 번째 이유였고, 막연하지만 불쾌한 심증들을 두 눈으로 확인해 볼 수 있으리라는 것이 두 번째 이유였다.

이유가 그런 것이었으니 취재의 대상이며 방향 같은 것들도 자연스럽게 정해졌다. 주안점은 두 우주인의 일거수일투족이 아니라 '누가 그들을 우주에 보내고 싶어 하느냐' 라는 것과 '왜 보내려 하는 것이냐' 라는 것이었다.

그리하여 필자는 첫 취재를 나갔다. 장소는 삼성동 종합전시장이었는데 한국에서 개발한 여러 가지 우주 식품들을 소개하는 자리였다. 두 사람의 우주인 후보가 어린이들을 대상으로 사인회를 여는 자리이기도 했다. 그날 처음으로 두 사람을 가까이에서 지켜봤는데, 고산 씨는 야무진 스포츠맨 타입이었고 이소연 씨는 후덕한 누나 같은 스타일이었다.

예정된 인터뷰 시간이 되어 나타난 두 사람은 필자와 일행에게 양해를 구했다. 어린이들이 워낙 많이 몰려들어서 사인회를 연장해야겠다는 얘기였다. 어린이들과의 만남이 다른 어떤 스케줄보다도 중요하다는 말을 덧붙이기도 했다.

명분이 뚜렷하니 필자가 양보할 수밖에. 그러나 한 시간 이상 연장된 사인회가 끝나자마자 다른 언론 관계자들이 기다렸다는 듯 달려들었다. 신문이나 방송은 그날의 마감 시간이 있게 마련이니 마감과 별 관계없는 필자로서는 악착을 떨기가 어려웠다. 이런 이유로 첫 번째 인터뷰는 보기 좋게 실패하고 말았다.

시작부터 쓴 입맛을 다시고 있는데 항공우주연구원의 김창수 홍보팀장이 좋은 정보를 주었다. 우주인 선발에 같이 지원했다는 인연으로 만들어진 모임인 '우주로 245'가 만든 자리에 고산, 이소연 씨가 참석한다는 얘기였다. 늦은 시간이었지만 가보기로 했다. 장소는 강남역 부근의 삼겹살 집이었는데, 분위기는 다른 동호인 모임과 크게 다를 것이 없었고 사석에서 본 두 사람은 그다지 눈에 띄는 존재가 아니었다. 신기한 일이었다.

그 자리에서 필자와 얘기를 나눈 사람은 항우연의 이주희 선임연구원이었다. 얼굴에 '피로'라는 두 글자가 땀처럼 흘러내리는 남자였다. 실제로 그는 우주인 사업이 시작된 이후로 몇 곱절 늘어난 일 때문에 계속 시달려 왔고, 당장 가정 파탄이 난다 해도 이상할 것이 없는 상태라고 했다. 그에겐 아이가 둘이 있는데, 가끔씩 항우연에 데리고 와서 같이 놀아 준다고 했다. 그것이 아이와 만날 수 있는 유일한 방법이라는 얘기였다. 상황이 그 정도면 불만도 많이 쌓였으련만, 필자에게 보여 주는 웃음은 매우 가볍고 깨끗한 것이었다. 그 점도 이상했다. 그래서 필자는 기인이구나, 라는 생각을 했다.

며칠 뒤, 대전으로 두 우주인을 만나러 갔다. 당시 두 사람은 항공우주연구원에서 우주정거장에서 실시될 각종 실험에 관련된 교육을 받고 있었다. 교육 일정 자체도 빡빡했지만 만나야 할 사람과 참가해야 할 행사는 왜 그리도 많은 건지, 시간을 빼내는 것 자체가 전쟁이었다. 오죽하면 대전에서 청주로 움직이는 차량 안에서 첫 번째 인터뷰가 이루어졌을까.

이제 보니 우리나라는 우주 과학을 등한시했던 것이 아니라 너무 관심이 많아서 탈이었다. 그런데 그 사람들은 지금까지 뭘 했단 말인가. 필자는 절로 웃음이 나왔다. 물론 어느 정도는 불순한 웃음이었다.

그날 오후, 필자는 청주에서 공군의 정기영 대령과 얘기를 나눌 기회를 얻었다. 그는 항공우주의료원의 원장이었으며 두 우주인의 주치의이기도 했다. 그는 신사였고, 언어도 절제가 있었다. 그는 필자에게 '무중력이 인체에 미치는 영향'이나 '우주에서 얻을 수 있는 의학 관련 자료' 같은 것들을 설명해 주었다. 그리고 그런 자료들은 다른 나라를 통해서는 절대로 구할 수 없고, 반드시 독자적으로 연구해야 한다는 말을 덧붙이기도 했다.

원래 논리적인 얘기는 사변思辨을 전파하고 비논리적인 얘기는 감정을 전달하는 법이다. 그런데 이상했다. 그는 분명 논리적인 얘기들을 차분하게 늘어놓고 있었는데 필자가 받은 것은 아쉬움이나 비감悲感과 같은 감정들이었다. 어떻게 보면 그는 '너무 늦었지만 어떻게든 해볼 밖에'라고 탄식하는 사람처럼 보이기도 했다. 필자가 만난 두 번째 기인이었다.

그날 저녁, 서울로 이동할 예정이었던 고산 씨가 마땅한 차량을 구하지 못해 필자의 차를 탔다. 어떻게 보면 좋은 기회였다. 지난 며칠간을 돌이켜 보건대 고산 씨나 이소연 씨의 시간을 10분 이상 얻어내는 것은 쉬운 일이 아니었다. 그런데 청주에서 서울로 같이 이동한다면 3시간 이상을 확보하게 되는 셈이다. 어쩌면 국내 언론매체가 시도한 것 중에서 가장 긴 인터뷰가 될지도 모를 일이었다.

그러나 결과부터 말하자면 인터뷰는 없었다. 고산 씨가 피로해 보였던 탓도 있었지만 수없이 되풀이했을, 뻔한 질문과 답변들을 나열하는 것이 필자로선 영 마뜩치 않았기 때문이었다.

　그래서 우리는 포장마차에서 우연히 만난 사람처럼 일상을 읊조리고 시국을 개탄하는가 하면 신변잡기에 대한 이야기를 늘어놓기도 했다. 밤길이었지만 달은 밝았고 라디오는 말馬이 투레질하듯 지직거렸다. 고산 씨는 간혹 졸기도 했다. 나쁘지 않은 시간이었다.

　고속도로를 벗어날 때였던가. 문득 고산 씨가 물었다. 우주에 대해 관심이 많으신가 봐요. 나는 대답했다. 이 나이 먹도록 철이 안 들어서 그렇죠. 고산 씨가 룸미러를 통해 웃었다. 그리고 이렇게 말했다. 철 안 든 사람 정말 많습니다.

　그 말이 과연 사실일까. 필자는 고개를 갸웃거렸다. 아무리 생각해 봐도 이 나라는 '철든 사람들'의 나라였다. 필자의 생각에 철든 사람이라 함은 자본의 힘을 터득하고 그 논리에 순종하는 사람들을 의미했다. 이 나라에서 '철 좀 들어라'라는 말은 대개 '돈도 안 되는 일에 신경 쓰지 말고 어떻게든 많이 벌어서 잘 먹고 잘살아라'라는 뜻이 된다. 그래서 이 나라의 철든 사람들은 이학이나 공학 대신 의학이나 상학을 선택하고 인문학이나 예술은 이미 배부른 자의 학문으로 치부해 버린다. 꿈을 좇는 것은 아름다운 일이지만, 이미 돈을 모은 사람이 그렇게 하거나 그 꿈이 돈이 될 경우에 한해서만 그렇다. 단지 눈앞의 몇 푼 때문에 아름다운 자연이나 역사적 유물, 심지어는 독립 유공자의 고택까지도 아무렇지도 않게 허물고 치워버리는 '철든 사람'들이야 말로 이 나라의 주체가 아니었던가.

　그런데 일을 계속하면서 살펴보니, 아닌 게 아니라 철 안 든 사람 정말 많았다. 대표적인 사람 중 하나가 항공우주연구원의 최기혁

우주인개발단장이다. 슬하에 자녀가 없는 그에게 우주인 사업이란 독자를 잉태하고 태교하고 순산까지 이끄는 일이었다. 필자는 그와 사석에서 몇 차례 술자리를 같이할 기회가 있었는데, 그때마다 어린 시절의 꿈을 참 모질게 움켜쥐고 있는 사람이구나,라는 느낌을 받았다. 그는 빨리 우주 산업에 뛰어들지 않으면 국민 소득 3, 4만 불의 시대는 영원히 오지 않을 거라고 했다. 아니, 어쩌면 후진국으로 밀려날지도 모른다고 했다. 그의 말을 듣다 보니 정말 그럴지도 모르겠다는 생각이 들었다. 순수한 사람의 말은 그만큼 힘이 있는 법이다.

SBS 다큐멘터리 팀의 이광훈, 박종필 PD도 빼놓을 수 없다. 그들은 훌륭한 영상을 하나라도 더 건지기 위해 우주인들을 그림자처럼 따라다녔다. 그러니까 무려 1년 이상 바다와 설원, 그리고 초원을 떠돈 것이다. 그동안 고생했던 얘기를 들어보니 하룻밤만 취재해도 책 몇 권의 분량이 나올 정도였다. 직접 지켜본 것은 며칠 안 되지만 월급만 바라보고서는 도저히 할 수 없는 일이라는 생각이 들었다. 알다시피 TV 다큐라는 것은 아주 특별한 경우를 제외하면 생명력이 꽤 짧은 편이다. 그런데도 그들은 자신의 모든 것을 쏟아 부으며 반쯤 미친 채로 일을 하고 있었다. 역시 철 좀 들어야 할 사람들이었다.

치열하게 사는 사람들은 무섭다. 철 안 든 사람들이 그렇게 살면 더더욱 그렇다. 그들은 신념의 보균자이기 때문이다. 한번 감염되면 여간해서는 떨치기 어려운 것이 신념의 세균이다. 그런 사람들과 꾸준히 부딪히고 어울리다 보니 필자에게도 감염의 조짐이 나타나기 시작했다.

우주인 선발이나 훈련, 그리고 우주선 발사에서 귀환에 이르는 모든 과정이 몇 사람만의 특별한 경험에 그치지 않고, 이 나라 우주 과학의 큰 재산이 될 거라는 생각을 갖게 된 것이었다.

우리나라의 유인 우주 계획은 비록 요원하지만, 우주라는 새로운 전장戰場 혹은 시장市場을 주시할 필요는 있다. 언젠가 그 전장에 뛰어들 우리의 본진을 위해 골을 메우고 도로를 닦는 작업은 우리 손으로 해야 한다. 누군가가 대신 나서서 해줄 리가 없기 때문이다. (누군가가 대신 해줄 리가 없다는 사실을 필자는 정말로 가슴 아프게 깨달았다.)

그렇다고 이 작업이 무작정 돈만 쏟아 붓는 일은 아니다. 작업 자체가 산업이나 의학의 발달에 바로 바로 연결되기 때문이다. 짜디짠 선진국들이 우주에는 아예 대놓고 매달리는 이유가 거기에 있다. 우리가 늦었다고? 감히 말하건대 시작은 했으니 아주 늦은 것은 아니다. 우리는 폐허가 된 땅에서 30년 만에 기적을 일구어 냈고, 그 힘들다는 IMF도 단 몇 년 만에 극복해 낸, 인내와 쾌속快速의 민족이 아니던가.

이제 이소연 씨의 이야기를 할 차례. 처음에 필자는 안타깝게도 취재 과정에서 이소연 씨에게 많은 시간을 할애하지 못했다. 취재 시간이 워낙 빠듯하다 보니 초점을 항상 탑승 우주인에 맞춰야 했기 때문이다.

그러나 비록 기회가 많은 것은 아니었지만 이소연 씨와의 인터뷰는 유쾌했다. 언제나 신중한 태도에 불필요한 말은 거의 하지 않는 고산 씨와는 달리 이소연 씨는 질문을 하나 던지면 답변이 폭포수와 같이 이어진다. 작가로서 이보다 더 편한 사람은 없다. 그뿐이 아니다. 이소연 씨는 원래가 밝은 성격인데다가 주위를 환하게 만드는 재주가 있다. 단언컨대 이것은 말만 풍성해서 되는 일이 아니다.

건강하고 유쾌한 아우라Aura가 받쳐 줘야 한다.

그래서 필자는 이소연 씨가 우주와 썩 잘 어울리는 사람이라고 생각한다. 우주라는, 고독하고 엄혹한 환경 속에서 그녀의 아우라는 더더욱 빛을 발할 것이기 때문이다. 게다가 그녀는 똑똑하고 쿨하고 섹시하지 않은가. (진심이다.)

우주선 발사를 불과 한 달 앞두고 갑자기 탑승조와 예비조가 바뀌었을 때, 필자는 실로 난감하지 않을 수가 없었다. 절반이 넘는 원고가 휴지통 속에 던져진 것이다. 그래도 촉박한 시간에 쪼개어 그럭저럭 원고를 꾸려 나갈 수 있었던 것은 이소연 씨의 타고난 배려 때문이었다. 고백컨대 모자라는 인터뷰는 국제 전화를 통해 채워야 했다. 힘든 훈련을 마친 뒤 몹시 피로했을 것임에도 불구하고 장시간을, 그것도 여러 날을 전화기 옆에서 고생해 준 이소연 씨에게 다시 한 번 고마움을 전하고 싶다.

끝으로 이 책이 나오기까지 물심양면으로 도움을 준 샘터출판사의 편집부, 항우연의 김창수 홍보팀장, 그리고 처음 간 모스크바에서 가이드가 아니라 친구 역할을 해주었던 유학생 김종학 씨, 다차의 멤버였던 과학 동아의 안형준 기자, 항공우주의료원의 안창호 소령, 항상 가까운 곳에서 손과 발이 돼 주었던 권호상 작가에게도 감사와 그리움을 전한다. 물론 가장 큰 치하는 인내라는 것을 생활의 습관으로 받아들여 준 아내의 몫이다. 생각해 보니 그 몫이 참 크다.

우주에서, 이소연입니다

1판 1쇄 발행 2008년 6월 16일
1판 2쇄 발행 2010년 5월 31일

지은이 김호진
펴낸이 김성구

편집장 안선희
편 집 박성근 김정희 임경단
디자인 이경진 여종욱
제 작 신태섭
마케팅 최윤호

펴낸곳 (주)샘터사
등 록 2001년 10월 15일 제1-2923호
주 소 서울시 종로구 동숭동 1-115 (110-809)
전 화 02-763-8965(단행본팀) 02-763-8966(영업마케팅부)
팩 스 02-3672-1873
이메일 book@isamtoh.com
홈페이지 www.isamtoh.com

ISBN 978-89-464-1732-8 03810

이 도서의 국립중앙도서관 출판시도서목록(CIP)은 e-CIP 홈페이지
(http://www.nl.go.kr/cip.php)에서 이용하실 수 있습니다. (CIP제어번호:2008001778)

값은 뒤표지에 있습니다.
잘못 만들어진 책은 구입처에서 교환해 드립니다.